Alhassane ZARE

Para uma gestão eficaz da planta invasora Senna obtufifolia

AF666234

Alhassane ZARE

Para uma gestão eficaz da planta invasora Senna obtufifolia

uma nova ameaça para as pastagens na África Ocidental

ScienciaScripts

Imprint

Cover image: www.ingimage.com

This book is a translation from the original published under ISBN 978-620-6-72219-9.

Publisher:
Sciencia Scripts
is a trademark of
Dodo Books Indian Ocean Ltd. and OmniScriptum S.R.L publishing group

120 High Road, East Finchley, London, N2 9ED, United Kingdom
Str. Armeneasca 28/1, office 1, Chisinau MD-2012, Republic of Moldova, Europe
Printed at: see last page
ISBN: 978-620-8-18547-3

Dedicação

Ao meu pai, o falecido ZARE Souleymane

Para a minha mãe ZARE Doko née NOMBRÉ

À minha querida esposa KONATE Awa

Aos nossos filhos ZARE Nassira e Gouffrane

Dedico-vos este trabalho.

AGRADECIMENTOS

Esta tese foi produzida no âmbito do projeto de investigação *Senna Obtusifolia* Management (S.O.M) intitulado "**Towards an efficient management of the invasive *plant Senna obtusifolia*, a novel threat to West Africa's rangelands (Ref. 92861)" para o programa "Livelihood, Management, Reforms and Processes of Structural Change".** Foi inteiramente financiado pela Fundação Volkswagen (Alemanha).

No final do nosso trabalho, gostaríamos de expressar a nossa profunda gratidão a esta fundação pelo seu apoio financeiro, que contribuiu consideravelmente para a sua conclusão. Gostaríamos também de expressar os nossos sinceros agradecimentos a todas as pessoas singulares e colectivas cujas contribuições inestimáveis nos permitiram concluir esta tese. Estamos particularmente gratos a :

- **Professor Oumarou OUÉDRAOGO,** pela direção deste trabalho científico. Recrutou-nos para a equipa do projeto SOM e disponibilizou-se para nos supervisionar apesar dos seus muitos compromissos. A sua orientação, humanismo, rigor científico e conselhos guiaram-nos na redação desta tese. As nossas palavras de gratidão para consigo são insuficientes;
- **Professor Joseph Issaka BOUSSIM**, Diretor do Laboratório de Biologia e Ecologia Vegetal (La.B.E.V.), por nos ter aceite no seu laboratório e pelos seus conselhos e encorajamento inestimáveis;
- Ao **Professor Adjima THIOMBIANO**, gostaríamos de expressar a nossa gratidão pelos conselhos que recebemos dele, principalmente durante a revisão da tese, para melhorar a qualidade científica desta tese;
- **Dr. Moussa OUEDRAOGO**, antigo Diretor-Geral do Centre National de Semences Forestières, por nos ter permitido realizar o nosso trabalho de campo no Centre National de Semences Forestières;
- **Dr. Sié KAMBOU**, nosso supervisor de formação, pelo seu apoio técnico e por todo o trabalho efectuado durante o nosso trabalho experimental no Centre National des Semences Forestières (CNSF);
- **Edith DABOUE**, atual Diretora-Geral do Centre National de Semences Forestières (CNSF), pelo seu apoio e conselhos durante o nosso trabalho experimental neste centro;

- os dois estudantes de mestrado **Basnewinde Ilboudo**, **Christian Bougma**, **Samira SANE** e o técnico **Cyrille Sinaré**, por nos terem ajudado a recolher os dados;

- **Dr. Karim OUEDRAOGO**, doutor em sociologia e beneficiário do projeto SOM, pela sua franca colaboração;

- Estamos gratos ao **Professor Amadé OUÉDRAOGO** pelos seus conselhos e encorajamento;

- Gostaríamos de expressar a nossa gratidão ao **Professor Salifou TRAORÉ** pelos seus conselhos;

- Ao **Doutor Frédéric ZONGO**, cujas numerosas e valiosas sugestões e conselhos nos encorajaram a concluir esta tese;

- **Dr. Loyapin BONDE**, pelo seu empenho e determinação em apoiar-nos com conselhos, sugestões, análise de dados e encorajamento;

- **Dr. Innocent Charles Emmanuel TRAORE** pela sua ajuda na recolha e análise de dados. Agradecemos-lhe sinceramente o tempo que nos dedicou e a sua colaboração;

- **Doutor Elycée TINDANO,** pelos seus conselhos, sugestões e encorajamento;

- **Dr. Issouf ZERBO** pela sua ajuda na análise dos dados. Agradecemos-lhe sinceramente o seu tempo;

- Aos **Drs. Blandine Marie Ivette NACOULMA, Phillipe BAYEN, Kangbéni DIMOBÉ, Moussa GANAMÉ e Mohamed CISSÉ**, **Emmanuel SAMBO, Blaise KABRE** agradecemos os conselhos e o encorajamento que nos deram;

- **Dra. Elise SANON** *e Dr.* **Ali BOUGOUMA**, pelos seus conselhos e encorajamento; **Adama ZOUNGRANA** e **Hassane OUEDRAOGO** pela sua ajuda na análise dos dados. Agradecemos-lhes sinceramente o seu tempo;

- A todos os nossos colegas do La.B.E.V., **Aboubacar Oumar ZON, Aboubacar ZOURE, Zeinabou DABRE, Issaka KANAZOE, Séraphin HIEN, Prospère SABO pela** sua colaboração durante todo o doutoramento;

- A **Fondation de Solidarité et d'Aide au Peuple Africain (FOSAPA)** e o seu Presidente **Remzi Secker** e Vice-Presidente **El hadj Noufou SAWADOGO** pelos seus conselhos e apoio;

-A **Associação dos Alunos e Estudantes Muçulmanos do Burkina Faso (AEEMB)** pelo seu aconselhamento e apoio de várias formas;

-À Société d'Etude de Recherche et de Formation (**SERF**) e aos seus primeiros diretores **Abdoulaye TARNAGDA** e **Adama ZARE** pelos seus conselhos e apoio multiforme;

Gostaria de agradecer a toda a minha família pelo seu apoio desde os nossos primeiros passos na educação até aos dias de hoje. Um pensamento especial para a memória do meu falecido pai **ZARE Souleymane** que não pôde ver a conclusão desta tese. Que o Todo-Poderoso aceite o vosso trabalho.

- Aos nossos guias de campo, **Ibrahim DIALLO** e **Oumboini Sosthène KOULDIATI** em DORI, e ao Sr. **Moussa DIALLO**, agente veterinário em Sidéradougou;
- Às várias populações locais da nossa área de estudo pela sua hospitalidade e cooperação, que nos permitiram realizar o nosso trabalho de campo.

Gostaria de expressar a minha profunda gratidão a todos aqueles que, de uma forma ou de outra, contribuíram para a produção deste documento e cujos nomes não puderam ser mencionados nesta secção. A todos eles dizemos OBRIGADO.

Índice

DEDICAÇÃO ... 1

AGRADECIMENTOS ... 2

RESUMO ... 10

RESUMO ... 11

CAPÍTULO I: INFORMAÇÕES DE CARÁCTER GERAL ... 18

1. APRESENTAÇÃO DA ZONA DE ESTUDO ... 19

1.1. ZONA DO SAHEL ... 19

2. ZONA PASTORIL ... 22

2.1. JUSTIFICAÇÃO PARA A CRIAÇÃO DE ZONAS PASTORIS ... 22

2.2 ORGANIZAÇÃO ESPACIAL DAS ZONAS PASTORIS ... 23

2.3 QUADRO INSTITUCIONAL QUE REGE AS ZONAS PASTORIS ... 23

2.4. SITUAÇÃO ATUAL DAS ZONAS PASTORIS ... 24

3. APRESENTAÇÃO DA *SENNA OBTUSIFOLIA* ... 25

3.1 ANTECEDENTES HISTORICOS ... 25

3.2. DESCRIÇÃO E ECOLOGIA ... 26

3.3 ORIGEM E DISTRIBUIÇÃO ... 28

3.4. UTILIZAÇÕES ... 28

4. CONCEITOS E DEFINIÇÕES DE INVASÃO BIOLOGICA ... 29

4.1 ESPECIES NATIVAS ... 29

4.2 ESPECIES NÃO NATIVAS ... 29

4.3 ESPECIES NATURALIZADAS ... 30

4.4 ESPECIES CRIPTOGENICAS OU CRIPTOGENICAS ... 30

4.5. INVASÃO BIOLOGICA ... 30

4.6. CARATERISTICAS QUE PREDISPÕEM UMA ESPECIE A TORNAR-SE INVASORA ... 31

4.7. PROCESSOS DE INVASÃO BIOLOGICA ... 32

4.8. EXEMPLOS DE ESPECIES INVASORAS NO BURKINA FASO ... 33

4.9. SERVIÇOS ECOSSISTEMICOS ... 33

CAPÍTULO II: CONHECIMENTO LOCAL E UTILIZAÇÕES DE *SENNA OBTUSIFOLIA* (L.) H. S. IRWIN & BARNEBY ... 35

1. INTRODUÇÃO ... 36

2. MATERIAIS E METODOS ... 37

2 .1. PLANO DE AMOSTRAGEM ... 37

2.2 ENTREVISTA ... 38

2.4. ANALISE DOS DADOS ... 38

3. RESULTADOS ... 39

3.1. NOMES LOCAIS PARA *SENNA OBTUSIFOLIA* E SIGNIFICADO DE ACORDO COM O GRUPO ETNICO 39

3.2. PERCEPÇÕES LOCAIS SOBRE A INVASÃO *DE SENNA OBTUSIFOLIA* E ESTRATEGIAS DE GESTÃO DE FORRAGENS 40

3.3. UTILIZAÇÕES DE *SENNA OBTUSIFOLIA* E ORGÃOS EXPLORADOS 41

3.4. VALOR DE USO ETNOBOTANICO DA *SENNA OBTUSIFOLIA* DE ACORDO COM AS ZONAS CLIMATICAS E AS CARATERISTICAS SOCIO-DEMOGRAFICAS 43

3.5. ESTRATEGIAS LOCAIS DE AQUISIÇÃO DE FORRAGEM EM AREAS INVADIDAS POR *SENNA OBTUSIFOLIA* 44

4. DISCUSSÃO 44

4.1. PERCEPÇÕES LOCAIS SOBRE A INVASÃO E OS EFEITOS DA *SENNA OBTUSIFOLIA* 44

4.2. ESTRATEGIAS DE ADAPTAÇÃO LOCAL DAS POPULAÇÕES NA AQUISIÇÃO DE FORRAGEM EM AREAS INVADIDAS POR *SENNA OBTUSIFOLIA* 45

4.3. EFEITO DA ZONA CLIMATICA NA UTILIZAÇÃO DE *SENNA OBTUSIFOLIA* 46

4.4. EFEITOS DOS GRUPOS SOCIO-DEMOGRAFICOS NA UTILIZAÇÃO DE *SENNA OBTUSIFOLIA* 47

5. CONCLUSÃO PARCIAL 49

CAPÍTULO III: FACTORES DETERMINANTES DA PROLIFERAÇÃO DE *SENNA OBTUSIFOLIA* (L.) H.S IRWIN & BARNEBY E IMPACTO NOS SERVIÇOS ECOSSISTÉMICOS 50

1. INTRODUÇÃO 51

2. METODOLOGIA 52

2.1. PLANO DE AMOSTRAGEM 52

2.2. LEVANTAMENTOS FLORISTICOS 54

2.3. ANALISE DOS DADOS FLORISTICOS 55

2.3.1. TIPOS BIOLOGICOS E FITOGEOGRAFICOS 55

2.3.2. DIVERSIDADE E VALORES PASTORIS 57

3. RESULTADOS 60

3.1 EFEITOS DA ZONA CLIMATICA, TOPOGRAFIA, TIPO DE UTILIZAÇÃO DO SOLO E SUAS INTERAÇÕES NA DENSIDADE E BIOMASSA *DE SENNA OBTUSIFOLIA* 60

3.2 EFEITOS DO TIPO DE UTILIZAÇÃO DO SOLO NA DENSIDADE E BIOMASSA DE *SENNA OBTUSIFOLIA* EM DIFERENTES ZONAS CLIMATICAS 60

3.3. EFEITOS DA TOPOGRAFIA NA DENSIDADE E BIOMASSA DE *SENNA OBTUSIFOLIA* DE ACORDO COM AS ZONAS CLIMATICAS 62

3.4. EFEITOS DA ZONA CLIMATICA NOS PARAMETROS DE ALTURA E RENDIMENTO DE *SENNA OBTUSIFOLIA* 62

3.5. EFEITOS DO TIPO DE UTILIZAÇÃO DO SOLO E DA TOPOGRAFIA NOS PARAMETROS DE ALTURA E RENDIMENTO DE *S. OBTUSIFOLIA* 63

3.6. RIQUEZA TAXONOMICA (FAMILIA, GENERO, ESPECIE) DA VEGETAÇÃO HERBACEA 65

3.7. TIPOS BIOLOGICOS E FITOGEOGRAFICOS DAS ESPECIES INVENTARIADAS 66

3.8. DIVERSIDADE E SIMILARIDADE DOS NIVEIS DE INVASÃO DE ACORDO COM AS ZONAS CLIMATICAS, TIPOS DE USO DO SOLO E TOPOGRAFIA 69

3.8.1. DIVERSIDADE DOS NIVEIS DE INVASÃO EM FUNÇÃO DO TIPO DE UTILIZAÇÃO DO SOLO 69

3.8.2. DIVERSIDADE EM FUNÇÃO DOS NIVEIS DE INVASÃO E DA TOPOGRAFIA 70

3.8.3. SIMILARIDADE FLORISTICA ENTRE NIVEIS DE INVASÃO DE ACORDO COM OS TIPOS DE USO DO SOLO 71

3.8.4. SIMILARIDADE FLORISTICA ENTRE NIVEIS DE INVASÃO DE ACORDO COM A TOPOGRAFIA 73

3.9. ESPECIES HERBACEAS DOMINANTES POR ZONA CLIMATICA E NIVEL DE INVASÃO 74

3.10. BIOMASSA HERBACEA POR NIVEL DE INVASÃO EM ZONAS CLIMATICAS 78

3.11. VALOR PASTORIL EM FUNÇÃO DOS NIVEIS DE INVASÃO DE *SENNA OBTUSIFOLIA* 79

4. DISCUSSÃO 81

4.1 INFLUENCIA DOS FACTORES AMBIENTAIS NA INVASIVIDADE DE *SENNA OBTUSIFOLIA* 81

4.2 IMPACTO DA INVASÃO DE *SENNA OBTUSIFOLIA* NA DIVERSIDADE VEGETAL 82

5. CONCLUSÃO PARCIAL 84

CAPÍTULO IV: COMPETITIVIDADE DA *SENNA OBTUSIFOLIA* (L.) H. S. IRWIN & BARNEBY CONTRA TRÊS ESPÉCIES HERBÁCEAS EM DIFERENTES REGIMES HÍDRICOS 86

1. INTRODUÇÃO 87

2. APRESENTAÇÃO DO LOCAL DE ESTUDO 88

3. DESCRIÇÃO E JUSTIFICAÇÃO DA ESCOLHA DE ESPECIES EM COMPETIÇÃO COM *SENNA OBTUSIFOLIA* 88

3.1. BIOLOGIA E ECOLOGIA DAS ESPECIES QUE COMPETEM COM A *SENNA OBTUSIFOLIA* 89

3.1.1. *CHAMAECRISTA MIMOSOIDES* (L.) 89

3.1.2. *ANDROPOGON GAYANUS* KUNTH 90

3.1.3. *PENNISETUM PEDICELLATUM* TRIN. 91

4. METODOLOGIA 92

4.1. MATERIAL VEGETAL 92

4.2. TESTE DE GERMINAÇÃO EM LABORATORIO 93

4.2.1. AVALIAÇÃO DO TEOR DE HUMIDADE DAS SEMENTES 93

4.2.2. INSTALAÇÃO EXPERIMENTAL NO LABORATORIO 94

4.2.3. PRE-TRATAMENTO DAS SEMENTES 94

4.2.4. GERMINAÇÃO 95

4.3. ENSAIO EM ESTUFA 95

4.3.1. PREPARAÇÃO DOS SUBSTRATOS DE CULTURA ... 95
4.3.2. INSTALAÇÃO EXPERIMENTAL NA ESTUFA ... 95
4.4 MODELO DE CONCORRENCIA APLICADO ... 98
4.5. DETERMINAÇÃO DA QUANTIDADE DE AGUA DE REGA ... 99
4.5.1. REGIME HIDRICO APLICADO ... 99
4.6. MEDIÇÃO DA ALTURA E DA BIOMASSA ... 100
4.7. MEDIÇÃO DA GERMINAÇÃO ... 100
4.8. ÍNDICE DE SENSIBILIDADE ... 101
4.9 ÍNDICE DE CONCORRENCIA ... 101
4.10. ANALISE DOS DADOS ... 102
5. RESULTADOS ... 102
5.1. EFEITO DO PRE-TRATAMENTO NA TAXA DE GERMINAÇÃO DAS SEMENTES EM LABORATORIO ... 102
5.2. CINETICA DE GERMINAÇÃO DAS SEMENTES DAS QUATRO ESPECIES EM ESTUFA ... 103
5.3. TAXA E TEMPO MEDIO DE GERMINAÇÃO DE SEMENTES NA ESTUFA ... 104
5.4. EFEITOS DO DEFICE HIDRICO SOBRE A BIOMASSA E A ALTURA DAS ESPECIES 105
5.5. EFEITOS DA COMPETIÇÃO EM CONDIÇÕES AQUATICAS ... 108
5.5.1. PRODUÇÃO DE BIOMASSA ... 108
5.6. INTENSIDADE DA CONCORRENCIA ... 110
6. DISCUSSÃO ... 111
6.1. EFEITO DO PRE-TRATAMENTO NA GERMINAÇÃO DE SEMENTES DE ESPECIES EM LABORATORIO ... 112
6.2. GERMINAÇÃO E TAXA DE GERMINAÇÃO DE SEMENTES DAS QUATRO ESPECIES NA ESTUFA ... 112
6.3. EFEITO DO STRESS HIDRICO NA ALTURA DAS PLANTAS E NA BIOMASSA ACIMA DO SOLO ... 113
6.4. EFEITO DA CONCORRENCIA ... 114
6.4.1. PRODUÇÃO DE BIOMASSA ... 114
6.4.2. INTENSIDADE DA CONCORRENCIA ... 115
7. CONCLUSÃO PARCIAL ... 116
CAPÍTULO V: MONITORIZAÇÃO INTERANUAL DO EFEITO DA VEDAÇÃO NA DINÂMICA FLORÍSTICA DE ÁREAS INVADIDAS POR *SENNA OBTUSIFOLIA* (L.) H. S. IRWIN & BARNEBY NA ZONA SAHELIANA ... 117
1. INTRODUÇÃO ... 118
2. METODOLOGIA ... 118
2.1. ÁREA DE ESTUDO ... 119
2.2 RECOLHA DE DADOS ... 120

2.3 INVENTARIO FLORISTICO E RECOLHA DE BIOMASSA 120

2.4. ANALISE DOS DADOS 122

3. RESULTADOS 122

3.1. EFEITOS DA DURAÇÃO DA PROTEÇÃO NA DENSIDADE, ALTURA E BIOMASSA DE *SENNA OBTUSIFOLIA* 122

3.2. DINAMICA INTERANUAL DA FLORA TAXONOMICA DA VEGETAÇÃO HERBACEA 123

3.3. DINAMICA INTERANUAL DOS TIPOS BIOLOGICOS E FITOGEOGRAFICOS DA VEGETAÇÃO HERBACEA 124

3.4. DIVERSIDADE FLORISTICA E SIMILARIDADE DA VEGETAÇÃO HERBACEA EM FUNÇÃO DOS ANOS DE MONITORIZAÇÃO 126

3.5. ESPECIES HERBACEAS DOMINANTES AO LONGO DOS QUATRO ANOS DE MONITORIZAÇÃO 127

3.6. DINAMICA INTERANUAL DO VALOR PASTORAL EM FUNÇÃO DOS NIVEIS DE INVASÃO 129

4. DISCUSSÃO 130

4.1. EFEITOS DA DURAÇÃO DA PROTEÇÃO NA BIOMASSA, ALTURA E DENSIDADE DE *SENNA OBTUSIFOLIA* 130

4.2. EFEITOS DA VEDAÇÃO NA DINAMICA DA VEGETAÇÃO HERBACEA 132

4.2.1. RIQUEZA TAXONOMICA DA VEGETAÇÃO HERBACEA 132

4.2.2. DIVERSIDADE DE ESPECIES E SIMILARIDADE DA VEGETAÇÃO HERBACEA EM RELAÇÃO AOS ANOS DE MONITORIZAÇÃO 132

4.2.3. EFEITO DA PEDOLOGIA (ENRIQUECIMENTO DO SOLO) NA DINAMICA REGRESSIVA DE *SENNA OBTUSIFOLIA* 133

4.2.4. ESPECIES HERBACEAS DOMINANTES DE ACORDO COM OS QUATRO ANOS DE MONITORIZAÇÃO 133

5. CONCLUSÃO PARCIAL 134

CONCLUSÃO GERAL, PERSPECTIVAS E RECOMENDAÇÕES 135

CONCLUSÃO GERAL 136

PERSPECTIVAS 136

RECOMENDAÇÕES 138

REFERENCIAS 139

APÊNDICES 167

Resumo

As plantas invasoras modificam a composição e a estrutura dos ecossistemas, levando ao desaparecimento de muitas espécies indígenas. Na África Ocidental, e particularmente no Burkina Faso, *a Senna obtusifolia* é uma destas plantas invasoras cuja invasão levou a uma redução das forragens naturais, que continuam a ser a principal fonte de alimentação do gado. O objetivo geral deste estudo é contribuir para uma melhor gestão das zonas pastoris através de um controlo eficaz da *S. obtusifolia*. Assim, pretende-se propor soluções potenciais para controlar a invasão desta espécie. Para compreender o conhecimento endógeno das pessoas sobre *S. obtusifolia*, foram realizados inquéritos etnobotânicos dirigidos a 300 pessoas em aldeias próximas de zonas pastoris. Foram então efectuados inventários fitossociológicos e uma avaliação da biomassa das espécies herbáceas. Foi realizada uma experiência em estufa sob stress hídrico para testar a competitividade de *S. obtusifolia* face a três outras espécies herbáceas: duas gramíneas (*Andropogon gayanus* e *Pennisetum pedicellatum*) e uma leguminosa *(Chamaecrista mimosoides)*. Finalmente, foram instaladas parcelas permanentes num ambiente protegido durante quatro anos, a fim de monitorizar a dinâmica de expansão de *S. obtusifolia*. Foram realizados inquéritos para avaliar a perceção da população local sobre a proliferação e a utilidade desta espécie. Verificou-se que a invasão recente de *S. obtusifolia* se deve principalmente ao sobrepastoreio. Para compensar a falta de forragem, as populações locais colhem e armazenam plantas herbáceas e resíduos de culturas. Estas populações utilizam as folhas de *S. obtusifolia* como alimento. Quanto ao caule seco, é utilizado exclusivamente no Sahel para o fabrico de seccos. Na área de estudo, o clima, os tipos de uso do solo e a topografia e as suas interações são os factores ecológicos que influenciam a proliferação de *S. obtusifolia*. [2]Foram registadas 241 espécies de plantas em 160 levantamentos, cada um abrangendo uma área de 100 m. Verificou-se que a densidade de *S. obtusifolia* é mais elevada na zona do Sahel do que na zona do Sudão. Em resultado da invasão, a riqueza e a distribuição das espécies foram negativamente afectadas. Além disso, a invasão de *S. obtusifolia* reduz consideravelmente a biomassa das outras espécies do estrato herbáceo desde o nível de invasão mais baixo A (2,34 ± 1,09 t/ha) até ao nível mais elevado C (0,82 ± 0,52 t/ha) e altera a qualidade dos recursos pastoris. Experiências em estufa sob stress hídrico revelaram que *Chamaecrista mimosoides* tem uma elevada taxa de germinação (68,33%) seguida de *S. obtusifolia* (58,66%). No entanto, *S. obtusifolia* é a mais sensível ao défice hídrico severo e é também menos competitiva do que *Andropogon gayanus* e *Pennisetum pedicellatum*. Na atividade de monitorização da dinâmica de *S. obtusifolia*, o efeito da duração da proteção conduziu a uma diminuição da densidade, biomassa e altura de *S. obtusifolia* em todos os níveis de invasão, enquanto se verificou um aumento da taxa de cobertura e da biomassa das outras espécies herbáceas. Assim, num ambiente menos perturbado, *a S. obtusifolia* regride em termos de densidade e pode desaparecer com a duração da proteção. Para além do seu papel principal de restabelecimento da vegetação e dos solos degradados, a retirada de terras da produção é uma solução para controlar a propagação *de S. obtusifolia*. A valorização da *S. obtusifolia* poderia também ajudar a controlar a sua expansão para as pastagens, popularizando a sua utilização, nomeadamente para fins alimentares e artesanais.

Palavras-chave: espécies invasoras; *Senna obtusifolia*; factores de invasão; zona pastoral; Burkina Faso

Proliferação de *Senna obtusifolia* (L.) H. S. Irwin & Barneby em pastagens do Burkina Faso: conhecimento local, factores de invasão e efeitos nos serviços ecossistémicos

Resumo

As plantas invasoras afectam a composição e a estrutura dos ecossistemas, levando ao desaparecimento das espécies autóctones. Na África Ocidental, e em particular no Burkina Faso, *a Senna obtusifolia* é uma destas plantas invasoras que levou a um declínio das forragens naturais, que continuam a ser a principal fonte de alimentação do gado. O objetivo deste estudo é contribuir para uma melhor gestão das zonas pastoris através de um controlo eficaz da *S. obtusifolia.* Pretende-se assim propor soluções possíveis para controlar a invasão desta espécie. A fim de compreender o conhecimento endógeno das pessoas sobre *S. obtusifolia*, foram realizados inquéritos etnobotânicos dirigidos a 300 pessoas nas aldeias que circundam as zonas pastoris. Posteriormente, foi efectuado um inventário fitossociológico em conjunto com uma avaliação da biomassa das espécies herbáceas. Foi realizada uma experiência em estufa sob stress hídrico para avaliar a competitividade da *S. obtusifolia* e de três outras espécies herbáceas, incluindo duas gramíneas, *Andropogon gayanus* e *Pennisetum pedicellatum*, e uma leguminosa, *Chamaecrista mimosoides*. Finalmente, para monitorizar a dinâmica da expansão de *S. obtusifolia*, foram estabelecidas parcelas permanentes num ambiente protegido durante quatro anos. Foram realizados inquéritos para avaliar as percepções da população local relativamente à propagação e aos benefícios desta espécie. O sobrepastoreio foi considerado o principal fator da recente invasão de *S. obtusifolia*. Para compensar a falta de forragem, as populações locais colhem e armazenam plantas herbáceas e resíduos de culturas. Estas pessoas utilizam as folhas de *S. obtusifolia* como alimento. Quanto ao caule seco, é utilizado exclusivamente no Sahel para o fabrico de seccos. Na área de estudo, o clima, os padrões de utilização do solo e a topografia, e as suas interações, são os factores ecológicos que influenciam a propagação de *S. obtusifolia.* [2]Foi registado um total de 241 espécies de plantas em 160 parcelas de 100 m cada. Verificou-se que a densidade de *S. obtusifolia* era mais elevada na zona do Sahel do que no Sudão. Como resultado da invasão, tanto a riqueza como a distribuição das espécies são afectadas negativamente. Além disso, a invasão de *S. obtusifolia* reduz significativamente a biomassa de outras espécies na comunidade herbácea, desde o nível de invasão mais baixo A (2,34 ± 1,09 t/ha) até ao nível mais elevado C (0,82 ± 0,52 t/ha) e afecta a qualidade dos recursos de pastagem. A experiência em estufa sob stress hídrico mostrou que *Chamaecrista mimosoides* tem uma taxa de germinação elevada (68,33%). Segue-se a *S. obtusifolia* (58,66%). No entanto, *S. obtusifolia* é a mais sensível ao défice hídrico severo e também menos competitiva com *Andropogon gayanus* e *Pennisetum pedicellatum.* Na atividade de monitorização da dinâmica de *S. obtusifolia*, o efeito da proteção levou a uma diminuição da densidade, biomassa e altura de *S. obtusifolia* em todos os níveis de invasão, enquanto a taxa de cobertura e a biomassa de outras gramíneas aumentaram. Assim, *a S. obtusifolia* pode diminuir de densidade e desaparecer com o tempo num ambiente menos perturbado. Para além do seu papel principal de restaurar a vegetação e os solos degradados, o cercado é também uma solução para controlar a propagação *de S. obtusifolia.* Além disso, ao promover a utilização de *S. obtusifolia*, especialmente nos sectores da alimentação e do artesanato, a valorização desta espécie poderia também contribuir para controlar a sua expansão nas pastagens.

Palavras-chave: espécies invasivas, *Senna obtusifolia*, factores de invasão, zona pastoral, Burkina Faso

INTRODUÇÃO GERAL

Introdução geral

As acções humanas sob a forma de várias pressões sobre a terra (agricultura, urbanização) e os efeitos das alterações climáticas contribuem enormemente para o estabelecimento e a proliferação de espécies invasoras (D'Antonio *et al.*, 1999; Vilà & Ibáñez, 2011; IPBES, 2019). À escala internacional, um grande número de espécies encontra-se em perigo de extinção, enquanto o número de espécies invasoras tem vindo a aumentar de forma constante nas últimas décadas (Seebens *et al.*, 2017; Díaz *et al.*, 2019; IPBES, 2019). Estas plantas invasoras têm um impacto negativo na biodiversidade e nos ecossistemas (Maxwell *et al.*, 2016; Fried, 2019) e são mesmo consideradas a segunda causa de erosão da biodiversidade à escala global, a seguir à destruição do habitat natural, no que respeita à ameaça e extinção de espécies (IUCN, 2004; Lowe *et al.*, 2007). Reduziram gravemente a diversidade da flora e fauna nativas e a produtividade dos ecossistemas (Reid *et al.*, 2009). Na África Ocidental, estas plantas invasoras contribuíram para reduzir a produção agrícola (Le Bourgeois, 2008; Thiombiano *et al.*, 2009; Pratt *et al.*, 2017) e pastoril (Bridgewater *et al.*, 2011), acentuando os baixos rendimentos agrícolas e a escassez de forragens (Ouedraogo *et al.*, 2021). A propagação de espécies invasoras continua a ser uma preocupação global (IPBES, 2019) e no Burkina Faso, as autoridades governamentais estão a envidar esforços para encontrar soluções para o problema das espécies invasoras.

G eralmente, os métodos utilizados para controlar as plantas invasoras são culturais, mecânicos, biológicos ou químicos (Chaves Neto *et al.*, 2020). De todos estes métodos, o uso de herbicidas químicos continua a ser o mais utilizado para controlar estas plantas invasoras, apesar das consequências colaterais na saúde humana e na qualidade do solo (Jabran *et al.*, 2015; Nicolopoulou-Stamati *et al.*, 2016; Chauvel, 2019). Apesar da utilização generalizada e da eficácia dos herbicidas no controlo das plantas invasoras, nos últimos anos algumas destas plantas desenvolveram resistência à ação de certas moléculas químicas (Jabran *et al.*, 2015, Meuller-Steover *et al.*, 2016). Esta situação torna a luta contra estas plantas invasoras ainda mais complexa. Evitar que estas plantas infestem novas zonas é mais económico e eficaz do que erradicá-las (Davies e Sheley, 2007), o que continua a ser muito complexo e menos rentável (Diagne *et al.*, 2021).

As savanas da África Ocidental fornecem múltiplos bens e serviços ecossistémicos (Schmidt *et al*., 2011; Ouédraogo et *al*., 2014; Leßmeister *et al*., 2019). Embora muita investigação seja dedicada ao impacto das espécies lenhosas invasoras nas funções e serviços dos ecossistemas das savanas (Smit, 2004; Wiegand *et al*., 2006), o papel das espécies herbáceas invasoras está menos documentado, particularmente na África Ocidental. Atualmente, as zonas pastoris do Sahel e do Sudão no Burkina Faso estão a ser invadidas por *Senna obtusifolia*, uma erva leguminosa anual nativa da África tropical e da Índia. *A Senna obtusifolia* é considerada uma erva daninha invasora na América do Sul, na Ásia tropical e no norte da Austrália, onde tem impactos negativos na produtividade agrícola e contribui para alterações na estrutura e função do ecossistema (Voss e Brennecke, 1991; Dunlop *et al*., 2006; Sarkar *et al.,* 2012). A invasão de *S. obtusifolia* é, por conseguinte, uma ameaça para as terras de pastagem e para a criação de gado. No Burkina Faso, a pecuária é uma das principais fontes de emprego (FAO, 2019). Consequentemente, emprega uma grande parte da população, rende às famílias divisas substanciais e contribui substancialmente para a economia nacional, representando 10-20% do produto interno bruto (PIB) do país. Trata-se de uma pecuária extensiva, que se baseia principalmente em pastagens naturais, cada vez mais invadidas por *S. obtusifolia.*

Esta espécie é difícil de controlar porque é tolerante a muitos herbicidas vulgarmente utilizados (Teem *et al*., 1974; Pitelli & Amorim, 2003). Além disso, é capaz de crescer numa ampla gama de temperaturas, de 32 a mais de 39°C (Teem *et al.,* 1974, 1980; Wright *et al*., 1999). Pode mesmo germinar em solos que recebem relativamente pouca água (Sy *et al.,* 2001; Anastasia *et al*., 2014; Saidou *et al*., 2015). *A S. obtusifolia* é uma leguminosa cujas raízes não transportam bactérias fixadoras de azoto (Boyette 2006; Anastasia *et al.,* 2014), mas que, no entanto, consegue crescer em vários tipos de solo (Hilty, 2018), produzindo uma grande quantidade de sementes com uma elevada taxa de germinação (Ratzinger, 1984). É uma planta de crescimento rápido (Tordoni *et al.,* 2019), caraterística que lhe confere uma vantagem competitiva sobre as suas congéneres. Em habitats que lhe são favoráveis, *S. obtusifolia* é capaz de formar densos povoamentos monoespecíficos e, consequentemente, causar grandes alterações ecológicas (Mackey *et al*., 1997; Tye *et al.,* 2003). Para além disso, as folhas verdes de *S. obtusifolia* são tóxicas para o gado (Burrows & Tyrl, 2006; Augustine *et al.,* 2020). A sua capacidade competitiva e a sua toxicidade para os animais domésticos estão, portanto, a causar um problema ecológico e socioeconómico para a agricultura e a pecuária (Walker & Oliver, 2008, Peres *et al.,* 2010). Como espécie infestante, tornou-se um problema sério na produção de soja em todo o sul dos Estados Unidos (Abbott *et al.,* 1998).

Ao contrário de outros continentes, *a S. obtusifolia* não é vista como uma ameaça específica para a agricultura na África tropical. No entanto, tal como na Austrália, também pode invadir a vegetação natural, provavelmente alterando a sua estrutura e função (Chaves Neto *et al.*, 2020).

No Burkina Faso, foram efectuados estudos sobre o valor forrageiro da espécie, o seu carácter invasor e o seu valor alimentar (Kiema, 2008; Kiema *et al.,* 2012; Kadéba *et al.,* 2015; Zerbo *et al.,* 2016; Ouédraogo *et al.*, 2021; Nacambo *et al.,* 2021). No entanto, não existe ainda qualquer investigação sobre as causas e o impacto da sua invasão, e muito menos qualquer método para a combater. É certo que os últimos relatórios nacionais sobre a diversidade biológica do Burkina Faso revelam a expansão de espécies vegetais invasoras (SP/CONEDD, 2010; 2014), nomeadamente nas pastagens. Entre estas espécies, a *S. obtusifolia* parece ser a mais difundida na paisagem. No entanto, os fatores que favorecem sua disseminação na vegetação natural e os impactos de sua invasão nos serviços ecossistêmicos não são bem compreendidos. Esta tese insere-se no projeto de investigação *Senna obtusifolia* Management (SOM), que visa contribuir para melhorar a produtividade das pastagens para uma produção animal sustentável nas zonas pastoris do Burkina Faso. O objetivo geral desta investigação é contribuir para a gestão sustentável das zonas pastoris através do controlo eficaz da expansão da *Senna obtusifolia.*

O trabalho está organizado em quatro actividades complementares relacionadas com os seguintes objectivos específicos:

- Compreender as percepções das populações locais sobre a proliferação e a sua abordagem à gestão de *S. obtusifolia.* Esta atividade dá resposta à seguinte questão de investigação: Como é que a população local reage à propagação de *S. obtusifolia* no seu ambiente?
- Identificar os factores ecológicos que favorecem a proliferação de *S. obtusifolia.* Esta atividade vai ajudá-lo a responder à seguinte questão de

investigação: a proliferação da *Senna obtusifolia* pode dever-se a vários factores?

- Avaliar o impacto da propagação de *S. obtusifolia* na qualidade e abundância de forragem natural. Esta atividade coloca a seguinte questão: a proliferação de *S. obtusifolia* tem impacto na disponibilidade de forragem?
- Avaliar o desempenho competitivo de *S. obtusifolia*. Esta atividade levanta a seguinte questão: Como é que *a S. obtusifolia* consegue colonizar diferentes habitats?

Este documento é composto por cinco (05) capítulos, o primeiro dos quais descreve a área de estudo e a espécie-alvo, *S. obtusifolia.* O capítulo II examina as percepções locais e os valores de uso de *S. obtusifolia.* O capítulo III trata dos determinantes ecológicos da proliferação de *S. obtusifolia* e dos impactos da sua proliferação nos serviços ecossistémicos das pastagens. O desempenho competitivo de *S. obtusifolia* em função do regime hídrico é estudado no capítulo IV. O último capítulo (V) avalia o efeito da vedação na dinâmica espácio-temporal de S. *obtusifolia* na zona do Sahel.

CAPÍTULO I: INFORMAÇÕES DE CARÁCTER GERAL

1. Apresentação da zona de estudo

O estudo foi efectuado em duas zonas climáticas contrastantes do Burkina Faso, nomeadamente as zonas saheliana e sudanesa, que são também zonas pastoris acessíveis onde *a S. obtusifolia* se encontra em abundância (Figura 1). Estas zonas pastoris dispõem de um decreto comum que delimita o seu perímetro, de planos de gestão e de cadernos de encargos específicos (DGEAP, 2011). No Sahel, o sítio está situado em Sambonaye (37500 ha). Na zona sudanesa, o local selecionado é Sidéradougou (51.000 ha).

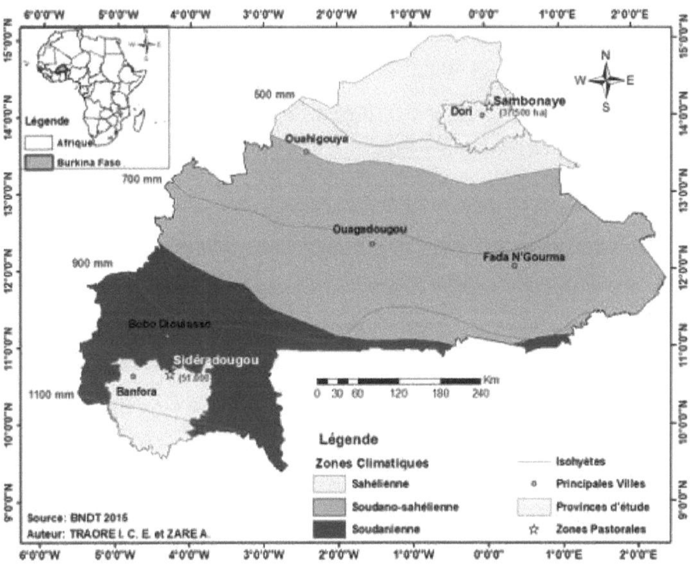

Figura 1Localização da área de estudo

1.1. Zona do Sahel

Na zona saheliana, o estudo incidiu sobre a província do Séno, cuja capital é Dori, com uma população estimada em 385900 habitantes (INSD, 2019). No Sahel, coabitam vários grupos socioculturais: Peulh, Mossi, Gourmantché, Bella, Rimaïbé, etc. (Kiema *et al.*, 2012). A agricultura e a criação de gado são as principais actividades socioeconómicas (Ayantunde *et al.*, 2020). No entanto, a situação de segurança é particularmente preocupante, com a violência crescente a dificultar as actividades das populações (Sirima, 2022). Estas pessoas são obrigadas a abandonar as suas aldeias, incluindo os seus campos e o seu gado, e acabam por se instalar em zonas de refugiados, engrossando as fileiras dos casos sociais.

Do ponto de vista biofísico, os tipos de solo encontrados são solos halomórficos, hidromórficos e sesquióxidos, formando em alguns locais uma grande extensão de duna de areia (IUCN, 2017). A precipitação média varia entre 400 e 600 mm/ano. A precipitação média anual registada durante os últimos trinta anos (1991-2020) na estação sinóptica de Dori mostra uma flutuação no índice de precipitação normalizado (Figura 2). A temperatura média anual situa-se entre 22°C e 37°C (Figura 3). A vegetação é dominada por estepes arbóreas compostas por espécies arbustivas a espinhosas, incluindo *Balanites aegyptiaca (L.) Del, Dalbergia melanoxylon* Guill. & Perr, *Vachellia nilotica* (L.) Willd. ex Del e *Vachellia tortilis* (Forssk.) Galasso & Banfi (Nacoulma *et al.*, 2019). O estrato herbáceo é representado por pradarias desérticas e maquis (Kiema *et al.*, 2014).

A vegetação herbácea continua a ser dominada principalmente por gramíneas anuais e as plantas herbáceas caraterísticas das pastagens são *Pennisetum pedicellatum Trin, Loudetia togoensis (Pilg.) Hubb. Triumfetta pentandra* A. Rich, *Achyranthes aspera* L., *Andropogon pseudapricus* Stapf, *Aristida mutabilis* Trin, *Senna obtusifolia* (L.) H.S. Irwin & Barneby *Tephrosia pedicellata* Bak, *Acanthospermum hispidum* DC, *Schoenefeldia gracilis* Kunth; *Zornia glochidiata* C.Rchb. ex DC. (Kiema et al. 2014; Nacoulma et al 2019).

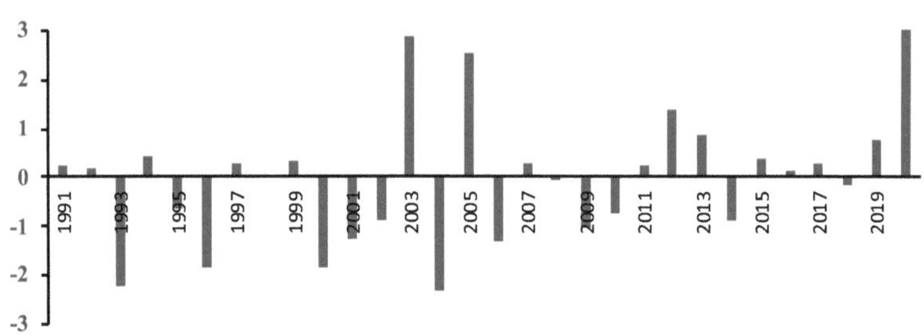

Figura 2Evolução do índice pluviométrico normalizado (SRI) na província do Sena de 1991 a 2020 (Fonte: DGMN)

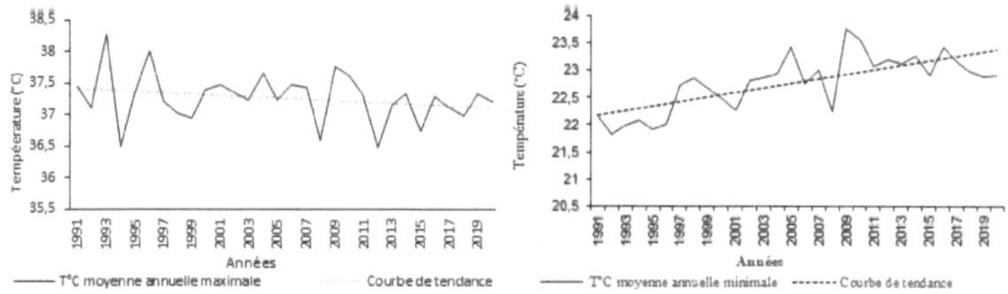

Figura 3Curvas de variação das temperaturas médias anuais máximas e mínimas de 1991 a 2020 (Fonte: DGMN)

O local de estudo situa-se na comuna de Sidéradougou, na província de Comoé, região das Cascatas, com uma população estimada em 669 532 habitantes (INSD, 2019). Sidéradougou é povoada por Dioula, Tièfo, Dogossin, Mossi, Peulh, Bissa, Bobo, etc. (Traoré, 2011). O rendimento da população provém principalmente da agricultura e da pecuária (Sieza *et al.,* 2019). Os solos são solos de erosão litossolos sobre couraça ferruginosa, solos de erosão reticulada com fácies ferruginosa, solos castanhos tropicais eutróficos, solos vérticos, solos de cascalho, solos hidromórficos, vertissolos e solos de afloramento granítico (BUNASOLS, 1997; MED, 2005; Traoré *et al*., 2020). Na zona sudanesa, a pluviosidade anual varia de 800 a 1100 mm, com temperaturas médias de 24°C a 30°C. A precipitação média anual registada durante os últimos trinta anos na estação sinóptica de Sidéradougou mostra uma variação na quantidade de precipitação (Figura 4). A temperatura média anual situa-se entre 21°C e 33°C (Figura 5).

A vegetação natural é constituída por savanas, florestas abertas com *Terminalia macroptera Guill. & Perr., Isoberlinia doka Craib & Stapf* e *Pterocarpus erinaceus* Poir, e florestas de galeria com *Cola laurifolia* Mast. e *Vitex chrysocarpa* Planch. ex Benth.(Nacoulma *et al*., 2019).

A vegetação herbácea é dominada por gramíneas perenes e espécies herbáceas caraterísticas das pastagens, tais *como Schizachyrium platyphyllum* Stapf, *Andropogon africanus* Franch, *Acroceras amplectens* Stapf.., *Hyparrhenia rufa* (Nees)Stapf, *Brachiaria distichophylla* (Trin) Stapf, *Paspalum scrobiculatum* L., *Panicum phragmitoides* Stapf, *Hyptis suaveolens* Poit, *Sida urens* L., *Senna obtusifolia* L. H.S. Irwin & Barneby (Kiema *et al*., 2014).

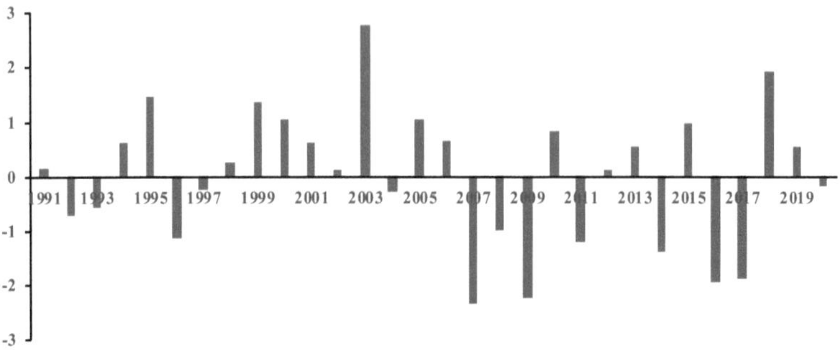

Figura 4Evolução do índice pluviométrico normalizado (SRI) da província de Kénédougou de 1991 a 2020 (Fonte: DGMN)

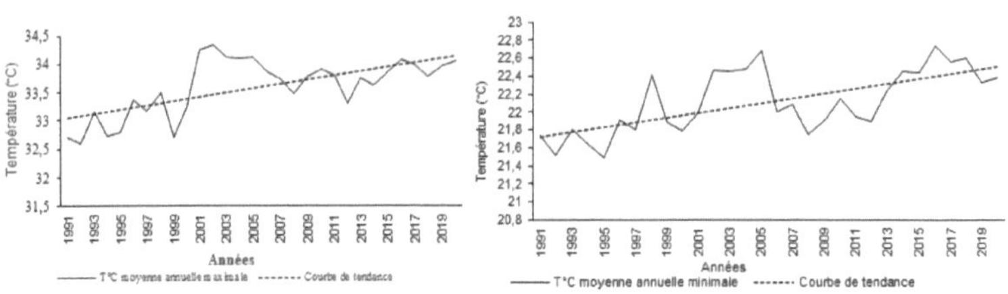

Figura 5Curvas de variação das temperaturas médias anuais máximas e mínimas de 1991 a 2020 (Fonte: DGMN)

2. Zona pastoral

As zonas pastoris são zonas pastoris especiais cujo objetivo principal é a realização de actividades pastoris (DGEAP, 2011). São constituídas por áreas de terra subdivididas, sendo a primeira parte reservada ao pastoreio, a segunda às culturas forrageiras e a terceira às habitações dos criadores de gado. As zonas pastoris são identificadas como tal nos planos nacionais, regionais, provinciais e de ordenamento do território, e destinadas a operações de desenvolvimento pastoril.

2.1. Justificação para a criação de zonas pastoris

Na África Ocidental, e particularmente no Burkina Faso, a pecuária extensiva é o sistema mais comum, exigindo a mobilidade dos rebanhos em busca de alimentos. Mais de 80% dos ruminantes domésticos (bovinos, ovinos e caprinos) no Burkina Faso são criados em pastagens (Ouoba-Ima, 2018). A alimentação animal baseia-se principalmente em pastagens naturais, pastagens pós-cultivo e curas de sal. Face a uma demografia galopante, que conduz a um aumento das superfícies cultivadas em detrimento das pastagens, e face a um aumento significativo do número de cabeças de gado ruminante (Obulbiga *et al.*, 2018), surgiu um desequilíbrio forrageiro que tende a agravar-se de ano para ano. Esta situação torna a transumância mais difícil e agrava os conflitos entre os criadores de gado e os outros utilizadores dos recursos naturais. Estes conflitos resultam no abate de animais, na destruição de bens, na retirada de terras, na perda de vidas humanas e na saída de criadores de gado, nomeadamente bovinos, do Norte para o Sul do país e para os países costeiros, onde alguns se instalam apesar das dificuldades que aí enfrentam e dos despejos a que podem ser sujeitos (DGEAP, 2011). Todos estes constrangimentos levaram a que se começasse a desenvolver, assegurar e valorizar os espaços pastoris, nomeadamente os afectados. Os objectivos atribuídos aos espaços pastoris são :

- sedentarização a longo prazo da criação de gado ;
- Organizar os criadores de gado e intensificar a produção animal para o mercado;
- integração da agricultura e da pecuária e produção de bois de tração ;
- combater a desertificação e gerir racionalmente os recursos naturais ;
- assegurar uma gestão concertada do espaço e dos recursos naturais ;
- garantir a posse de terras para a criação e produção de gado.

2.2 Organização espacial das zonas de pastagem

Pelo menos 80% de cada zona pastoral é reservada ao pastoreio. Os restantes 20% (zona de habitação) são utilizados pelos agricultores. As zonas de habitação são subdivididas em "fermettes". Cada exploração é composta por cinco (5) zonas diferentes destinadas à habitação do agricultor, às culturas forrageiras, às culturas alimentares, à reflorestação e ao pousio (DGEAP, 2011).

2.3 Quadro institucional que rege as zonas pastoris

A nível institucional, as zonas pastoris ficaram sob a tutela das estruturas iniciadoras. Atualmente, estão ligadas às Direcções Regionais dos Recursos Animais (DRRA) no âmbito da sua competência territorial. A nível nacional, a Direção Geral dos Espaços e das Actividades Pastoris (DGEAP, 2011) é responsável pelo desenvolvimento da pastorícia.

2.4. Situação atual das zonas pastoris

Existem vinte e seis (26) zonas pastoris desenvolvidas e 156 zonas pastoris e áreas de pastagem potenciais. Cobrem uma área de cerca de 2.000.000 ha (DGEAP, 2011). Existem 26 zonas pastoris funcionais que cobrem uma área total de cerca de 730.960 ha. A maior parte delas dispõe de um decreto comum que delimita os seus limites, de planos de gestão e de cadernos de encargos específicos (DGEAP, 2011). É o caso das zonas pastorais de Sidéradougou na zona sudanesa e das zonas pastorais de Sambonaye e Ceekol Nagge na zona saheliana, que constituem as zonas do presente estudo. Estas três (03) zonas pastoris funcionais dispõem de planos diretores de gestão, dois (02) dos quais foram validados a nível local (Sidéradougou e Sondré - Leste) e um (01) a nível nacional (Nouhao). No entanto, as áreas identificadas à partida tendem a diminuir enormemente, como é o caso da zona pastoral de Sidéradougou, que passou de 307.000 ha para cerca de 51.000 ha atualmente (DGEAP, 2011). Esta redução deve-se à ocupação das zonas pastoris por agricultores para a agricultura e a construção de habitações (Foto 1 e Foto 2). É também de notar que, desde 2002, a crise na Costa do Marfim levou a um regresso maciço de retornados à região (Ouédraogo e Thiombiano, 2017). Este número crescente de pessoas apoderou-se das terras. Consequentemente, as terras cultivadas expandiram-se e a pecuária extensiva desenvolveu-se, invadindo os recursos florestais e pastoris.

Grande parte das terras atribuídas aos pastores foi cultivada ou recuperada para outras actividades, incluindo a agricultura e as plantações (Higazi e Aboubakar, 2018). O elevado crescimento demográfico, combinado com condições ambientais e climáticas desfavoráveis, também reduziu a quantidade de terra utilizável. Existe um sistema de rotas de transumância através de pontos de água, rios ou furos, mas muitos deles viram o seu acesso bloqueado ou reduzido por campos de cultivo (Higazi e Aboubakar, 2018). A pressão sobre os meios de subsistência pastoris e os agricultores aumentou, por conseguinte. As áreas pastoris no Sahel estão a ser degradadas e algumas estão a ser invadidas por *S. obtusifolia*, uma espécie de baixo valor forrageiro (Kiéma, 2012). Esta situação está a contribuir para reduzir a qualidade e a quantidade de forragem nestas zonas.

Fotografia 1Poste de amarração que delimita a zona pastoral de Sidéradougou com um campo de sorgo de forma ilegal no interior

Fotografia 2Habitações ilegais na zona pastoral de Sidéradougou

3. Introdução da *Senna obtusifolia*

3.1 Antecedentes

Inicialmente considerada como *Cassia obtusifolia L.* com base na estrutura do fruto, Bentham (1871) argumentou que *C. obtusifolia* e *C. tora* eram a mesma espécie e sugeriu que ambas deveriam ser referidas como *C. tora*. Assim, algumas publicações afirmam que *C. obtusifolia* é sinónimo de *C. tora* (Holm *et al.*, 1979, 1997; Irwin e Barneby, 1982; Abbot *et al.,* 1998), enquanto outras as distinguem como espécies diferentes (Linnaeus, 1753; De Wit, 1955; Brenan, 1958; Randell, 1995). Como resultado, tem havido confusão na literatura e debate entre taxonomistas sobre se *C. obtusifolia* e *C. tora* são a mesma espécie ou espécies independentes (Crawford *et al.*, 1990).

C. obtusifolia foi posteriormente colocada no género *Senna* por Irwin e Barneby em 1982, enfatizando a importância da morfologia floral para a classificação (Marazzi *et al.*, 2006). No entanto, não incluíram *Cassia tora* L. (uma espécie que não ocorre na América) na sua revisão porque Irwin e Barneby (1982) concentraram-se apenas na espécie encontrada na coleção sul-americana, considerando as duas espécies como sinónimos (Marazzi *et al.*, 2006). Em 1988, quando Randell utilizou os três géneros para substituir o género *Cassia* em sentido lato, colocou *Cassia tora* no género *Senna*, ou seja, *Senna tora* (L.) Roxb. Atualmente, para além do género Cassia, existe *também* o género Senna e o género Chamaecrista. Todas as espécies agrupadas no género Cassia em sentido lato foram divididas entre estes três géneros, de modo que o género *Cassia* em sentido estrito compreende 30 espécies, *Senna* 260 espécies e *Chamaecrista* 270 espécies (Grubben e Denton, 2004).

3.2. Descrição e ecologia

Senna obtusifolia (L.) Irwin & Barneby, é uma terófita do reino plantae, filo spermatophyta, classe das dicotiledóneas e pertencente à ordem Fabales, família Fabaceae, subfamília Caesalpinioideae (Binggeli, 2005 ; Thiombiano, 2008). *S. obtusifolia* deriva das palavras latinas obtusus, que significa obtuso ou rombo, e folium, que significa folha. Ambas se referem à forma da folha. *S. obtusifolia* em inglês é sicklepod, em francês Séné ou pistache marron. O seu nome em Mooré é "Katr-nangouri" para alguns e "Sôgda" para outros. Em Fulfulde, chama-se "Houlô". Entre os Dioula, a espécie é chamada "kri-kri". As folhas da *S. obtusifolia* são alternas, imparipinadas com 3 pares de folíolos (foto 3). As estípulas são lineares ou filiformes. Os folíolos são obovados, com 1,5-5(-6) cm de comprimento. A inflorescência tem um pedúnculo geralmente muito curto, 1-2 flores, bissexuais, 5-mãe. O pedicelo é longo, as sépalas são ovais, com cerca de 5 mm de comprimento e as pétalas são obovadas, com 1-2 cm de comprimento, amarelas, com 10 estames. O ovário é estéril, linear e curvo. O fruto é uma vagem linear, deiscente, até 23 cm x 0,5 cm, reta ou curva, com numerosas sementes romboides, com cerca de 5 mm de comprimento. *A S. obtusifolia* multiplica-se por sementes (Ratzinger, 1984). As sementes desta espécie germinam melhor a temperaturas entre 15 e 30°C, a um pH entre 5 e 7, com germinação máxima a pH = 6,1 (Norsworthy *et al.*, 2006). A plântula tem germinação epígea e dois cotilédones semi-carnosos (Grubben e Denton, 2004). É uma planta infestante de planaltos, margens de campos e bermas de estradas, particularmente em zonas florestais (Jonhson, 1997). *A S. obtusifolia* também se encontra ao longo de rios e margens de lagos, bem como em terrenos cultivados, até 1700 m de altitude (Grubben e Denton, 2004). É uma espécie ruderal, amplamente disseminada pelo gado (Thiombiano *et al.*, 2012). As poucas caraterísticas que distinguem as duas espécies são: em relação à glândula foliar, S. *obtusifolia* tem 1-2 glândulas nos dois pares inferiores de folíolos. A segunda glândula, quando presente, está apenas nos folíolos inferiores (Brenan, 1967). No entanto, S. tora tem 2 glândulas em ambos os pares de folíolos. A segunda glândula está localizada apenas entre o par médio de folíolos (Brenan, 967). Fitoquimicamente, *S. obtusifolia* contém dihidroxi antroquinonas, obtusina e obtusifolina (Upadhyaya e Singh, 1986). No caso da *S. tora*, estão presentes a mono-hidroxi-antraquinona e a criso-obtusina (Upadhyaya e Singh, 1986).

Fotografia 3Planta adulta de *Senna obtusifolia*

3.3 Origem e distribuição

A área de distribuição original de *S. obtusifolia* estava limitada à América do Sul tropical, mas espalhou-se por todas as regiões tropicais e subtropicais do mundo (Rendell, 1995). No entanto, a sua área de distribuição real é mal conhecida, porque *a Senna obtusifolia* é muitas vezes confundida com a *Senna tora*, que é uma espécie asiática muito difundida na Índia, China, Filipinas e outras partes da Ásia (Brenan, 1967; Randell, 1995). Em certas regiões, como a Índia e o Sul da Ásia, as duas espécies podem coabitar no mesmo ambiente (Rendell, 1995). Assim, os investigadores americanos e europeus familiarizados apenas com *S. obtusifolia* consideraram os nomes das duas espécies como sinónimos (Rendell, 1995). Por outro lado, os investigadores asiáticos, familiarizados com as duas espécies, foram capazes de as diferenciar (Rendell, 1995).

Atualmente, *a S. obtusifolia* tem uma distribuição pantropical (Mackey *et al.*, 2014). Encontra-se em toda a África tropical, com exceção de Madagáscar, da Ásia e das Filipinas. Pensa-se que foi introduzida precocemente em África a partir da América. Pensa-se que as plantas africanas são de origem caribenha, com frutos grandes como os dos espécimes das Caraíbas e do sul dos Estados Unidos (Rendell, 1995). *A S. obtusifolia* é considerada uma erva daninha em todo o mundo e estima-se que 600.000 hectares estejam infestados com ela em Queensland, Austrália. A presença de *Senna tora* em África é duvidosa e quando é mencionada, trata-se provavelmente de *S. obtusifolia* (Grubben e Denton, 2004). Numa escala regional, *a S. obtusifolia* tem uma distribuição entre o Sahel e a Guiné. De acordo com a lista publicada por Binggeli em 2004, a presença de *Senna obtusifolia* foi confirmada em África em países como o Benim, o Gana, o Mali e o Níger (Holm *et al.,* 1979). No Burkina Faso, a espécie foi amostrada em todas as zonas climáticas, com uma elevada probabilidade de ocorrência nas zonas Sudaniana a Sudano-Saheliana (Thiombiano e Kampmann, 2010).

3.4. Utilizações

As folhas de *S. obtusifolia* são as partes mais amplamente utilizadas da espécie. São usadas como legumes em muitos países em África e na Índia (Pasternak *et al.*, 2007). No Sudão, as folhas são fermentadas para produzir "kawal" (um condimento utilizado em molhos) que é consumido e vendido (Abakar *et al.*, 2019). As sementes são utilizadas como alimento em tempos de fome (Grubben e Denton, 2004). Na medicina tradicional, as sementes de *S. obtusifolia* são utilizadas para tratar as picadas de insectos venenosos (Eklu-Natey e Balet, 2012). O café feito com as sementes é um remédio para dores de estômago e fadiga (Dirar, 1984).

O consumo de *S. obtusifolia* por bovinos, ovinos, caprinos e avestruzes depende do seu estado de desenvolvimento. Nos bovinos, *a S. obtusifolia* pode causar micotoxicose, uma doença frequentemente fatal, provavelmente causada por micotoxinas, que são produzidas pelos fungos que afectam *a S. obtusifolia* (Grubben e Denton, 2004). As folhas, raízes e sementes são utilizadas para cuidados gástricos, oculares e corporais. Os caules são utilizados para fazer esteiras e cercas. *A S. obtusifolia* é frequentemente utilizada como planta ornamental (Grubben e Denton, 2004). Na Índia, as gomas extraídas das sementes de *S. obtusifolia* são utilizadas na indústria alimentar. Os extractos de *S. obtusifolia* são utilizados ou testados como pesticidas (Grubben e Denton, 2004; Thiombiano *et al.*, 2012).

4. Conceitos e definições de invasão biológica

4.1 Espécies nativas

Uma espécie autóctone ou nativa é uma espécie cuja presença numa região é o resultado de processos naturais sem intervenção humana (Pyšek *et al.* 2004; Essl *et al.*, 2018). É nativa de um determinado território em relação a um período de referência (Thévenot, 2013; Yohann, 2015).

4.2 Espécies não nativas

Uma espécie alóctone ou exótica é uma espécie introduzida (voluntária ou acidentalmente) pelo homem num novo território fora da sua área de distribuição natural (Richardson *et al.*, 2000). De acordo com Pereyra (2013), uma espécie estrangeira ou não nativa ou exótica refere-se a uma espécie fora da sua área de distribuição nativa atual ou histórica. A grande maioria das espécies introduzidas não é e não é suscetível de ser invasora (Yohann, 2015). Estas espécies são conhecidas como plantas naturalizadas.

4.3 Espécies naturalizadas

Uma espécie vegetal naturalizada é uma planta estrangeira introduzida de forma fortuita ou deliberada, que se reproduz por semente ou vegetativamente de forma regular ao longo de vários ciclos de vida e que alargou significativamente a sua área de ocorrência desde a sua introdução. Não invade necessariamente o seu ambiente (Richardson *et al.*, 2000).

Dependendo da extensão da naturalização, é feita uma distinção entre anfíbios naturalizados para espécies que são amplamente naturalizadas em grande escala e se espalham rapidamente misturando-se com a flora nativa, e anfíbios estenonaturalizados para plantas localmente naturalizadas (Nzigidahera, 2017).

4.4 Espécies criptogénicas ou criptogénicas

Refere-se a uma planta para a qual é impossível determinar, após avaliação, se é indígena ou exótica. Para as espécies cuja era de origem é desconhecida, deve ser utilizada a expressão "espécie criptogénica" ou "espécie criptogénica" (Thévenot, 2013).

4.5. Invasão biológica

Existem muitas definições do que constitui uma invasão biológica, e nem todas descrevem exatamente o mesmo processo (Gard, 2012). Os pontos de divergência referem-se principalmente ao critério geográfico e ao critério de impacto (Valéry *et al.*, 2008). O critério geográfico refere-se ao facto de as espécies biológicas terem sido introduzidas (alóctones) pelo homem através de barreiras biogeográficas (Richardson et *al.*, 2000). Esta definição exclui categoricamente as espécies nativas que também podem tornar-se invasivas (Valéry *et al.*, 2008). O critério de impacto refere-se às consequências da invasão biológica nos ecossistemas (Tassin *et al.*, 2017). A fim de ter em conta estes dois critérios, Black e Bartlett (2020) sublinham que os organismos invasores se referem a espécies nativas ou exóticas que se propagam, com ou sem assistência humana, em habitats naturais ou semi-naturais, produzindo uma alteração significativa na composição, estrutura ou processos do ecossistema, ou causando graves perdas económicas para as actividades humanas.

Em inglês, o termo "invasive species" é utilizado para descrever espécies invasoras. Em francês, no entanto, as duas palavras invasivo e envahissante parecem ter significados diferentes. A diferença entre estes dois termos é a aplicação do critério geográfico (Gard, 2012). Assim :

- Uma **espécie invasora** é equivalente a uma espécie exótica invasora. Foi introduzida num meio onde se naturalizou e se tornou prolífica, alargando ainda mais a sua distribuição geográfica e transformando ou estando em vias de transformar a biodiversidade (Thévenot, 2013). De acordo com Yohann (2015) e Roussel e Blackburn (2016), é uma espécie introduzida voluntária ou acidentalmente pelo homem num novo território fora da sua área de distribuição natural, cujo estabelecimento e disseminação ameaçam os ecossistemas, habitats ou espécies nativas com consequências negativas para os serviços ecológicos e/ou socioeconómicos e/ou de saúde.
- O acrónimo "**EEI**" é utilizado para designar "**espécies exóticas invasoras"**. No entanto, de acordo com Valéry *et al* (2008), uma espécie invasora é qualquer espécie que, após o desaparecimento das barreiras naturais à sua proliferação, manifesta uma dominância que lhe permite espalhar-se rapidamente e conquistar novas áreas no seu ecossistema. Esta expressão pode ser utilizada tanto para espécies nativas como não nativas, quando existe alguma forma de semelhança entre as condições ambientais (Pyšek *et al.*, 1995; Prach & Pyšek, 1999). Assim, qualquer espécie, nativa ou não nativa, que se multiplique rapidamente, estenda a sua área de distribuição e se torne um incómodo ou mesmo uma perturbação é dita invasora (Thévenot, 2013).

No contexto desta tese, a definição de planta invasora é mais aplicável a *S. obtusifolia*, que é uma planta invasora largamente naturalizada (Nzigidahera, 2017), ou seja, local.

4.6. Caraterísticas que predispõem uma espécie a tornar-se invasora

As espécies invasoras nativas ou não nativas têm caraterísticas biológicas diferentes das espécies não invasoras (Valéry, 2006). Algumas espécies exóticas invasoras parecem partilhar caraterísticas biológicas comuns (Yohann, 2015):

- uma elevada capacidade de reprodução ou multiplicação;
- crescimento rápido, tornando-os altamente competitivos com outras espécies;
- uma forte capacidade de adaptação e um elevado nível de resistência à rutura;
- ausência ou número limitado de predadores naturais.

4.7. Processos de invasão biológica

O processo de invasão biológica é complexo e envolve cinco etapas: importação, introdução, aclimatação, reprodução e dispersão-colonização (Richardson *et al.*, 2000; Williamson e Fitter, 1996; IUCN, 2015). A passagem de uma fase para outra requer a transposição de uma ou mais barreiras naturais, com ou sem assistência humana. Durante a importação, a espécie deixa o seu território de origem para se encontrar num novo território (barreira geográfica). A introdução de uma espécie num ambiente pode ser voluntária ou involuntária (Yohann, 2015). A espécie importada chega a um novo território. Neste novo ambiente, a espécie introduzida aclimata-se às condições locais (barreira climática) e reproduz-se até atingir o estádio de populações estáveis (barreiras biológicas através da polinização). Este fenómeno é designado por naturalização. Posteriormente, a espécie naturalizada pode dispersar-se e colonizar novos habitats (barreira ecológica). Torna-se então invasora: é o que se designa por espécie invasora ou espécie exótica invasora (Williamson e Fitter, 1996; Richardson *et al.*, 2000; Yohann, 2015). No caso das plantas, em particular, o carácter invasor da espécie pode tornar-se evidente várias décadas ou mesmo mais de um século e meio após a sua chegada ao território; é a chamada fase de latência. Assim, nem todas as espécies introduzidas se tornam invasivas. De cada 1000 espécies importadas pelo homem, apenas uma se tornará invasora no meio hospedeiro (Figura 6). Esta é a "regra das três dezenas" de Williamson e Fitter (1996). A invasão biológica é, portanto, um processo longo que envolve a dispersão e a colonização de uma nova área por uma espécie que foi introduzida no local.

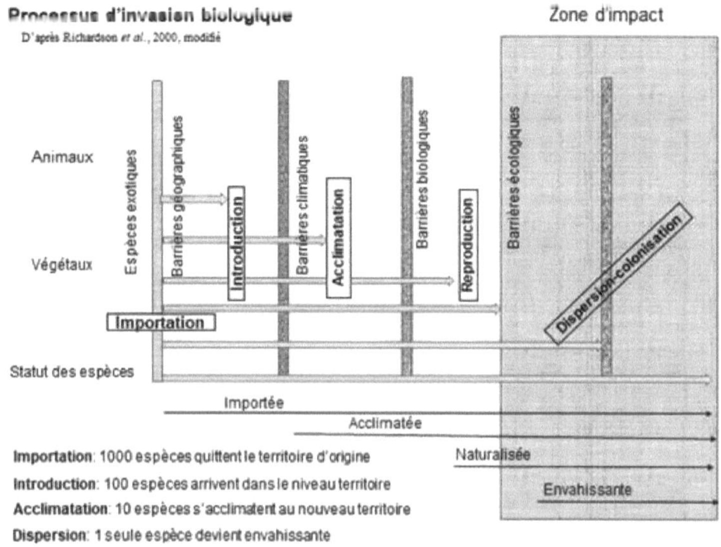

Figura 6Processo de invasão biológica, segundo Richardson et *al* (2000)

4.8. Exemplos de espécies invasoras no Burkina Faso

Os últimos relatórios nacionais sobre a diversidade biológica do Burkina Faso revelam a expansão de espécies vegetais aquáticas e terrestres "invasoras". As plantas herbáceas em causa incluem *Eichhornia crassipes* (Mart.) *Solms*, *Azolla africana* Desv., *Mimosa pigra L., Hyptis suaveolens (L.)* Poit, *Senna occidentalis* (L.) Link, *Lippia chevalieri* Moldenke, *Senna obtusifolia* (L.) H.S.Irwin & Barneby (SP/CONEDD, 2010; 2014).

4.9. Serviços ecossistémicos

Os serviços ecossistémicos referem-se aos benefícios que as pessoas obtêm dos ecossistemas. Eles se dividem em quatro (04) categorias: **serviços de apoio, serviços de provisão, serviços de regulação e serviços culturais** (Cissé *et al.,* 2018). A qualidade e manutenção da vida humana na terra é altamente dependente desses serviços ecossistémicos (Thiombiano e Kampmann, 2010). Para Balay *et al* (2015), os serviços de aprovisionamento ou de produção e os serviços de regulação encontram-se nos ecossistemas que resultam das actividades pecuárias. Numa avaliação dos principais serviços ecossistémicos prestados pelos prados, Puydarrieux e Devaux

(2013) consideram que os serviços de regulação podem gerar serviços de aprovisionamento e que os serviços de apoio ou de automanutenção são necessários para todos os outros serviços. É por isso que distinguem vários serviços ecossistémicos dos prados por categoria:

- serviços de regulação: fixação e armazenamento de carbono, regulação de outros gases e da água, proteção contra inundações e erosão, polinização e biodiversidade;
- serviços de abastecimento: produtos animais, como as forragens e as proteínas vegetais, e produtos colhidos, como flores, bagas e cogumelos;
- serviços culturais: caça, interesse paisagístico, educação e conhecimento científico.

CAPÍTULO II: CONHECIMENTOS E UTILIZAÇÕES *LOCAIS* DA *SENNA OBTUSIFOLIA* (L.) H. S. Irwin & Barneby

Este capítulo foi objeto de uma publicação:

Zaré Alhassane, Traoré Innocent Charles Emmanuel, Hien Bossila Séraphin, Bonde Loyapin & Ouédraogo Oumarou. 2022. Conhecimento local, percepções e valores de uso da *Senna obtusifolia* (L.) H.S. Irwin & Barneby, uma espécie de planta nativa invasora no Burkina Faso, África Ocidental. Revista Científica, ESJ, 18 (30), 343. https://doi.org/10.19044/esj.2022.v18n30p343.

1. Introdução

As espécies invasoras foram identificadas como uma das principais ameaças à conservação da biodiversidade, levando à modificação dos ecossistemas e à perda de serviços ecossistémicos (Walsh *et al.,* 2016; Kueffer, 2017; Pyšek *et al*., 2020). Consequentemente, muitos estudos têm-se centrado nos efeitos nocivos destas espécies invasoras na biodiversidade e nos ecossistemas (Shackleton *et al.,* 2019; Archibald *et al.,* 2020; Bailey *et al*., 2020). No entanto, as espécies invasoras podem ter impactos ecológicos e socioeconómicos positivos (Charahabil *e* Akpo, 2018; Wagh *e* Jain, 2018; Souley *et al*., 2020) que podem ser utilizados como estratégia de adaptação aos seus efeitos negativos. Por exemplo, algumas destas espécies prestam serviços ecossistémicos de aprovisionamento (alimentos, medicamentos) e de apoio (fertilização dos solos) às populações (Shackleton e Shackleton, 2018). De facto, um estudo recente indicou que as populações locais do Burkina Faso utilizam espécies negligenciadas, incluindo espécies invasoras, como estratégia de resiliência (Ouedraogo *et al.,* 2021). *Senna obtusifolia* é uma das espécies nativas invasoras (SP/CONEDD 2014) que prolifera em habitats sob intensa pressão de pastoreio (Kiema *et al.,* 2014). Estas folhas verdes jovens são usadas como alimento em alguns países africanos (Abakar *et al*., 2019), indicando que esta espécie invasora é potencialmente valiosa. Outros estudos mencionaram o uso de *S. obtusifolia* para tratar certas doenças (Cunningham,1993; Eklu-Natey & Balet, 2012). No entanto, no Burkina Faso e na fase atual, a utilidade desta espécie continua pouco explorada (Nacambo *et al.,* 2021). Segundo García-Llorente *et al* (2008), as percepções das populações locais sobre as espécies invasoras e as formas tradicionais de valorização destas espécies poderiam ajudar a conceber políticas de gestão eficazes e sustentáveis. Os objectivos deste estudo foram, portanto, :

- identificar o conhecimento endógeno das populações locais sobre a invasão de *Senna obtusifolia* ;
- avaliar o valor de uso das espécies em ambas as zonas climáticas;
- identificar as utilizações das espécies nas duas zonas climáticas.

Os pressupostos subjacentes a esta atividade estipulam que :

- O conhecimento endógeno da *Senna obtusifolia* está associado ao grupo sociocultural específico da população;

- a espécie é utilizada numa maior variedade de formas na zona sudanesa

2. Materiais e métodos

A zona de estudo é a de Dori, no Sahel, e a de Sidéradougou, no Sudão, tal como descrito no capítulo I supra.

2 .1. Plano de amostragem

Foi adotado um plano de amostragem estratificado com base nas zonas climáticas e no perfil social das pessoas. As condições climáticas são factores significativos que afectam a presença e a abundância de espécies vegetais e a disponibilidade de recursos para as pessoas e, por conseguinte, são susceptíveis de influenciar o conhecimento, a perceção e as preferências das pessoas na utilização das espécies. O perfil social (etnia, género e idade) é também um fator importante que afecta a gestão e a utilização dos recursos florestais locais, incluindo as preferências e a valorização (Ouédraogo *et al.,* 2013; Agúndez *et al.*, 2020). Foram efectuados inquéritos etnobotânicos em Dori e Sidéradougou. Foi utilizado o método de amostragem probabilística estratificada ou amostragem aleatória estratificada proporcional (Masengo *et al.*, 2021). Trata-se de dividir a zona de estudo em diferentes estratos, aqui representados pelas aldeias, e considerar o mesmo número de inquiridos (Inkoto *et al.,* 2019). As entrevistas foram realizadas com as populações de dez (10) aldeias localizadas perto de zonas pastoris, cinco (05) aldeias por zona climática. Oito (08) grupos socioculturais foram selecionados com base no seu conhecimento e utilização das espécies. Esta seleção foi feita com base em informações fornecidas pelos líderes locais (chefes de aldeia, chefes de associações de aldeia, delegados ou CVD). Na zona do Sahel, foram selecionadas Gourmantché, Sonrai e Bella. Na zona sudanesa, foram selecionados Bobo, Tieffo e Dogossin. Os dois grupos transversais são os Mossi e os Peulh das duas zonas climáticas. Estes dois grupos são os mais dominantes no Burkina Faso (Sop *et al.,* 2012). Podem ter mais conhecimentos sobre a perceção e a utilização da *Senna obtusifolia* porque estão bem distribuídos por todo o país. Para confirmar as informações recebidas pelos funcionários nas várias localidades, foi realizado um inquérito preliminar a uma amostra aleatória de 100 pessoas em cada local de estudo para determinar a proporção da amostra do estudo. Este inquérito revelou que 50 pessoas conhecem e utilizam *Senna obtusifolia.* O número de informadores em cada área foi determinado pela seguinte fórmula (Dagnelie 1998):

$$n = \frac{U^2_{1-\alpha/2}P(1-P)}{d^2}$$

Onde n é o tamanho da amostra, p a proporção de inquiridos que conhecem e usam as espécies (p =0,5), U1-∝/2 =1,96 é o valor da variável normal reduzida definida **para** um valor de probabilidade ∝= 0,05 e d a margem de erro definida em 0,08. Foi determinada uma dimensão de amostra de 150 pessoas em cada zona.

2.2 Entrevista

Como indicado no plano de amostragem, os inquéritos foram realizados considerando os factores clima (02 zonas climáticas), etnia (08 grupos socioculturais), género (02 equilíbrios de género: homens e mulheres) e idade (03 classes etárias). Cada combinação de fatores foi amostrada com 5 replicações, totalizando 2x5x2x3x5 = 300 entrevistados. As três classes de idade adotadas foram: pessoas com idade mínima de 18 anos e com idade ≤30 anos, 30 < idade < 60 anos e pessoas com idade ≥ 60 anos (Assogbadjo *et al.*, 2008). Foram selecionados com base na sua adesão voluntária e no seu conhecimento da *Senna obtusifolia*. As caraterísticas sociodemográficas das pessoas (grupo sociocultural, género e idade) são factores importantes que influenciam a gestão e os usos dos produtos florestais, incluindo as preferências e a valorização (Ouédraogo *et al.*, 2013; Agúndez *et al.*, 2020). A técnica de inquérito utilizada baseou-se em entrevistas semi-estruturadas, utilizando um questionário previamente testado (Alexiades e Sheldon, 1996) para garantir que o questionário fornecia toda a informação pretendida. A principal informação recolhida foi o conhecimento etnobotânico da espécie, ou seja, os factores de invasão, o impacto da *Senna obtusifolia* na disponibilidade de forragem e as várias utilizações da espécie (categorias de utilização da *Senna obtusifolia* e órgãos utilizados) (Anexo 1). As entrevistas foram realizadas com a ajuda de intérpretes locais e foram recolhidas amostras de *Senna obtusifolia*, que foram levadas para os locais de estudo e apresentadas aos informadores durante as entrevistas, a fim de assegurar a presença da espécie em cada aldeia.

2.4. Análise de dados

Antes de efetuar os testes estatísticos entre os factores, foram calculados os seguintes parâmetros:

- O valor de uso etnobotânico da espécie (VUE) utilizando a equação proposta por (Phillips *et al.*, 1994): VUE=ΣUi/n, onde Ui é o número de usos mencionados pelo informante i e n é o número total de informantes;
- Valor de utilização por órgão e taxa de resposta (T) utilizando a equação proposta por (Maregesi *et al.*, 2007):

$$T = 100 * \frac{S}{N}$$

Onde S é o número de pessoas que deram uma resposta positiva "sim" do órgão em causa, N é o número total de informadores. A taxa de resposta, que varia de 0 a 100, indica os órgãos mais utilizados na área de estudo. Para cada conhecimento ecológico citado, foi efectuado um teste de Qui-quadrado para determinar as diferenças estatísticas entre as zonas climáticas e o perfil social dos informadores (sexo, idade e grupo sociocultural). O valor estatístico foi testado ao nível de 5%. O valor de uso (VUE) da *Senna obtusifolia* foi analisado através de um modelo linear generalizado (GLM) com uma distribuição de Poisson (Zuur *et al.,* 2009), a fim de testar a sua variação em função do local de estudo e dos factores sociodemográficos. O teste de separação de médias de Student Newman Keuls (SNK) foi utilizado para testar as diferenças entre grupos socioculturais. Todas as análises foram efectuadas com recurso ao software versão 4.1.0 (R Core Team, 2021).

3. Resultados

3.1. Nomes locais para *Senna obtusifolia* e significado de acordo com o grupo étnico

Foram identificados oito (8) nomes locais nos oito grupos socioculturais. Os nomes variam de um grupo sociocultural para outro, com exceção dos dois grupos transculturais (Mossi e Peuhl), cada um dos quais utiliza o mesmo nome para a espécie, independentemente da zona climática em que se encontra (quadro 1). Os significados diferem consoante os grupos socioculturais e baseiam-se no gosto, no habitat natural, na utilidade e na semelhança com outras plantas (quadro 1).

Tabela 1Nomes locais para *Senna obtusifolia* de acordo com grupos socioculturais

Zona	Grupo sociocultural	Nome local	Significado
Saheliano	Bela	Kanaga	Erva de folha comestível
	Gourmantché	Palemkpamba	Desconhecido
	Mossi	Sôgôda/katre nangouri	Solda de hiena/comida de amendoim
	Peulh	Oulon	Erva de planície
	Sonrai	Oul-oula	Relva útil
sudanês	Bobo	Kikir	Folha de sabor amargo
	Dogossina	Tiguinfara/kikir	Pele de amendoim
	Mossi	Sôgôda/katre nangouri	Solda de hiena/comida de amendoim
	Peulh	Oulon	Erva de fundo
	Tiéffo	Konon kassosso	O feijão-pássaro

3.2. Percepções locais da invasão *de Senna obtusifolia* e estratégias de gestão forrageira

Em ambas as zonas climáticas, os informadores confirmaram a invasão de *S. obtusifolia* em muitas partes das suas paisagens. Acrescentaram que, na última década, a espécie foi observada principalmente em áreas baixas; atualmente, também é observada em bermas de estradas, áreas de pastagem (pastagens e pousios). Os animais e os seres humanos foram os factores mais citados pelos informadores como causadores da propagação *de S. obtusifolia.* [2]Foi observada uma diferença significativa entre os factores em função da zona (X =27,23; df=3; p<0,0001). Na zona do Sahel, os animais foram o fator mais citado com uma frequência de 59,33%, enquanto que na zona do Sudão foram as actividades humanas (56%) que favoreceram a invasão de *Senna obtusifolia* (quadro 2). Outros factores como a água e o vento foram os menos citados em ambas as zonas. Além disso, 90% dos informadores reconheceram que a invasão de *Senna obtusifolia* nas pastagens teve um impacto negativo na qualidade e abundância das forragens (quadro 2). Apesar desta situação, 55% dos inquiridos em ambas as zonas climáticas consideraram a espécie útil para eles (Quadro 2).

Na zona sudanesa, a colheita e conservação de resíduos de culturas é a alternativa mais comum para compensar a escassez de forragens herbáceas. Na zona do Sahel, a ceifa de forragens herbáceas e a colheita de resíduos de culturas são as práticas mais comuns (Quadro 2).

Tabela 2Percepções das pessoas sobre a *Senna obtusifolia* e frequência das variáveis explicativas por categoria de variável dependente

Variáveis	Zona do Sahel		Zonas do Sudão		Teste do qui-quadrado
	Frequência absoluta	Frequência relativa	Frequência absoluta	Frequência relativa	
Factores de invasão					
Animal	89	59,33	48	32	
Humano	42	28	84	56	X^2=27,23
Água	17	11,33	14	9,33	df=3, $p<0,0001$*
Vento	2	1,33	4	2,66	
Impacto de *S. obtusifolia* no valor forrageiro					
Negativo	140	93,33	132	88	X^2=1,5102, df=1
Positivo	10	6,66	18	12	$p<0.0001$*
Importância de *S. obtusifolia* para as populações					
Importante	102	68	66	44	X^2=16,57 df=1
Não é importante	48	32	84	56	$p<0.0001$*

* indica uma diferença significativa

3.3. Utilizações de *Senna obtusifolia* e órgãos explorados

Foram identificadas oito utilizações da *Senna obtusifolia* (Figura 7). A alimentação foi a utilização mais importante (100%) da *S. obtusifolia,* seguida da construção (49%), do artesanato (26,66%), do comércio (20%) e da medicina (11,66%). Os órgãos mais utilizados foram as folhas (100%) e os caules (50%), como mostra a Figura 8. As folhas são utilizadas na alimentação (molho, cuscuz), enquanto os caules são utilizados na construção (cobertura das casas), no artesanato (confeção de seccos), na energia da madeira e na adubação. As sementes e as raízes são menos utilizadas. As sementes foram utilizadas tanto para a alimentação como para a medicina, enquanto as raízes foram utilizadas apenas para a medicina (Figura 8).

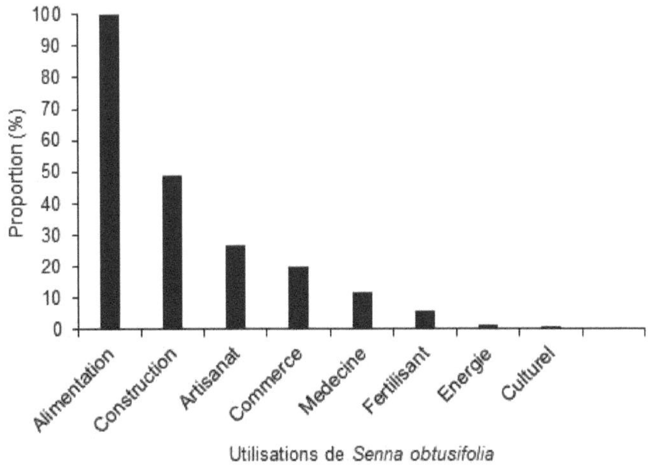

Figura 7Frequência de citação de utilizações de *Senna obtusifolia*

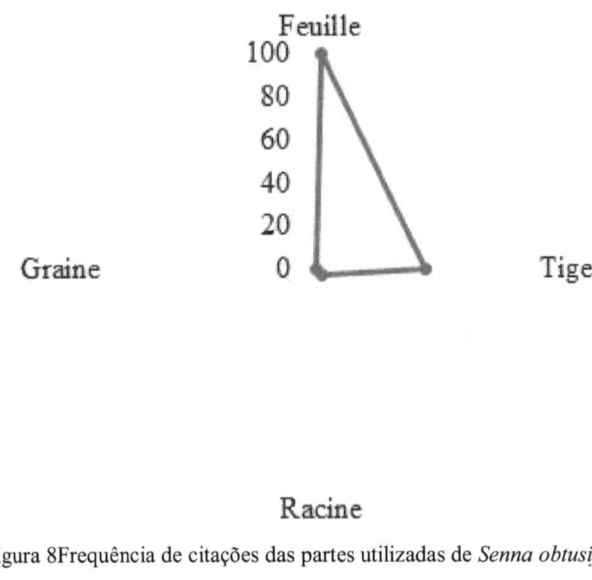

Figura 8Frequência de citações das partes utilizadas de *Senna obtusifolia*

3.4. Valor de uso etnobotânico da *Senna obtusifolia* em função das zonas climáticas e das caraterísticas sócio-demográficas

O valor de uso etnobotânico (VUE) de *Senna obtusifolia* variou significativamente (p < 0,001) entre zonas climáticas e grupos socioculturais (Quadro 3). A idade e o sexo não tiveram influência neste valor de uso etnobotânico.

Tabela 3Influências da zona climática e dos factores sócio-demográficos no valor de uso (UV) da *Senna obtusifolia*

	VU	Desvio	valor t	Pr(>|t|)
Factores	-2,764	0,246	-11,254	< 2e-16 ***
Zona climática	0,341	0,090	3,794	0,001 ***
Etnia	-0,058	0,015	-3,787	0,001 ***
Idade	0,004	0,046	0,090	0,928ns
Género	0,005	0,075	0,073	0,941ns

*** = Significativo, ns= não significativo

Na zona do Sahel, os Bela são os que fazem maior uso da espécie em comparação com os outros grupos socioculturais (Figura 9). Por outro lado, na zona sudanesa, não se registou uma diferença significativa na utilização de *Senna obtusifolia* entre os cinco grupos étnicos. Além disso, se se considerarem os dois grupos transculturais, registou-se uma diferença significativa na utilização de *Senna obtusifolia* entre os Peulh e os Mossi nas zonas do Sahel e do Sudão (Figura 9).

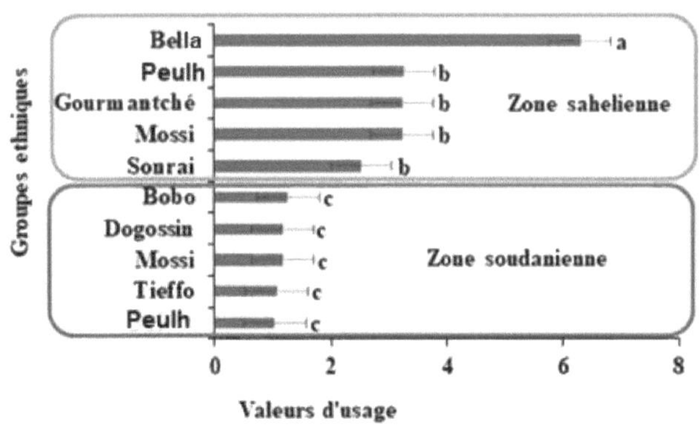

Figura 9Valor de uso total (UV ± desvio padrão) de *Senna obtusifolia* por grupo étnico
Os níveis não assinalados pelas mesmas letras são significativamente diferentes

3.5.Estratégias locais de aquisição de forragem em zonas invadidas por *Senna obtusifolia*

A colheita de forragens lenhosas, o corte e a conservação de plantas herbáceas, a colheita e a conservação de resíduos de culturas e o cultivo de culturas forrageiras são os métodos utilizados pelos inquiridos para obter forragens. Na zona do Sahel, a ceifa e conservação de gramíneas (0,76 ± 0,43) e a colheita e conservação de resíduos de culturas (0,69 ± 0,46) são as práticas forrageiras mais dominantes. Por outro lado, a colheita e conservação de resíduos de culturas (0,95 ± 0,22) continua a ser a atividade forrageira mais comum na zona do Sudão (Quadro 4).

Tabela 4Tipos de forragem nas duas zonas

Tipos de forragem	Sahel	sudanês	W	P
Colheita de forragens lenhosas	$0,31 \pm 0,46^a$	$0,03 \pm 0,16^b$	14400	< 0,001
Ceifa e conservação das ervas	$0,76 \pm 0,43^a$	$0,07 \pm 0,25^b$	19050	< 0,001
Colheita e armazenagem de resíduos de culturas	$0,69 \pm 0,46^a$	$0,95 \pm 0,22^b$	8400	< 0,001
Forragicultura	$0,05 \pm 0,22^a$	$0,0 \pm 0,0^b$	11850	< 0,004

Os níveis não ligados pela mesma letra são estatisticamente diferentes

4. Discussão

4.1. Percepções locais sobre a invasão e os efeitos da *Senna obtusifolia*

De acordo com a população local, a rápida invasão de *Senna obtusifolia* no seu ambiente é promovida principalmente pelo gado e pelas actividades humanas. Estes resultados são semelhantes ao trabalho de Gebreyesus (2017), que constatou que a proliferação de *Senna obtusifolia* é causada pela invasão de culturas extensivas e ilegais, bem como por práticas de pastoreio sob diferentes formas. Isto prova que estas populações têm uma boa perceção dos seus recursos ambientais (Gaoue *et al.*, 2011).

Na zona do Sahel, de acordo com os inquiridos, os animais são os factores mais importantes na propagação da *Senna obtusifolia*. Acrescentam que isto se deve ao sobrepastoreio, uma vez que a escassez de forragem, especialmente na estação seca, obriga o gado a ingerir as vagens secas de *Senna obtusifolia* e a espalhar as suas sementes à medida que se deslocam. De acordo com Thiombiano *et al* (2012), a propagação da *Senna obtusifolia* é facilitada pelo gado. Na zona do Sudão, os inquiridos dizem que os seres humanos contribuem principalmente para a propagação da *Senna obtusifolia.* Isto deve-se ao facto de muitos habitats naturais terem sido ocupados e transformados em campos, causando assim a proliferação *de Senna obtusifolia.* De acordo com Burgess *et al* (2004), mais de 60-80% dos habitats naturais nos países da África Ocidental foram transformados em zonas agrícolas e residenciais. Estas transformações contribuíram grandemente para o estabelecimento e a proliferação de espécies invasoras (Pyšek *et al.*, 2010; Vila e Ibáñez, 2011). Uma observação semelhante foi feita por Archibald *et al* (2020), que relataram que os seres humanos são um dos factores por trás das invasões biológicas. Além disso, a maioria dos informantes foi unânime em afirmar que a invasão de *Senna obtusifolia* levou ao declínio de várias espécies nativas e altamente palatáveis, como *Alysicarpus ovalifolius*, *Andropogon gayanus*, *Brachiaria lata*, *Pennisetum pedicellatum* e *Zornia glochidiata.* Os nossos resultados corroboram os de Randell (1995); Solomon (2015); Gebreyesus (2017), que concluíram que *a Senna obtusifolia* é uma invasora agressiva de pastagens e pode competir completamente com espécies de gramíneas palatáveis e erradicar o crescimento de espécies de pastagens. Como resultado, a invasão de pastagens por esta espécie reduz a produtividade da forragem, levando à escassez de forragem para o gado (Gebreyesus, 2017).

4.2. Estratégias de adaptação das populações locais para a aquisição de forragem em zonas invadidas por *Senna obtusifolia*

As pessoas desenvolveram várias estratégias para poupar a pouca forragem palatável disponível. A ceifa de forragem herbácea, a colheita de forragem lenhosa, a colheita e armazenamento de resíduos de culturas e o cultivo de culturas forrageiras são os métodos utilizados pelos inquiridos para obter forragem. Na zona do Sudão, a colheita e armazenamento de resíduos de culturas continua a ser a prática mais dominante (Sanfo *et al.*, 2020; Zampaligré *et al.*, 2020), onde os resíduos de culturas desempenham um papel importante na alimentação do gado devido à baixa produtividade das pastagens e ao aumento das áreas cultivadas. Estes resíduos consistem principalmente em palhas de cereais e topos de leguminosas (Drabo *et al.*, 2001; Kiéma *et al.*, 2012). Em contrapartida, nas zonas pastoris do Sahel, a ceifa das forragens herbáceas e dos resíduos de culturas são as práticas mais comuns. Os nossos resultados são semelhantes aos de Ouédraogo *et al.* (2021), que constataram que os recursos forrageiros explorados no Sahel são principalmente as forragens herbáceas e os resíduos de culturas deixados no campo após a colheita.

4.3. Efeito da zona climática na utilização de *Senna obtusifolia*

Neste estudo, a utilização da *Senna obtusifolia* diferiu de uma zona para outra. Na zona do Sudão, as folhas são o órgão mais utilizado da espécie. São utilizadas como alimento, tal como referido por Nacambo *et al* (2021), que indicam que as folhas são consumidas como legumes. As folhas de *Senna obtusifolia* são muito apreciadas pela população local (Abakar *et al.*, 2019) porque são ricas em vitaminas e proteínas que podem melhorar a qualidade nutricional dos alimentos (Dansi *et al.*, 2008; Nacambo *et al.*, 2021) e permitem às pessoas variar a sua dieta e combater a fome durante a estação magra (Millogo, 2001; Batawila *et al.*, 2005).

A falta de conhecimento sobre a utilização de outras partes de *Senna obtusifolia* pode ser explicada pela escolha feita pela população local na utilização de plantas para satisfazer as suas necessidades. Esta escolha baseia-se na disponibilidade e diversidade de recursos vegetais na zona. As mesmas observações foram feitas por Cotton (1996) e Schmidt *et al* (2005), que constataram que uma diversidade florística elevada conduz a preferências de utilização de espécies entre populações. Contudo, na zona do Sahel, as folhas de *Senna obtusifolia* são utilizadas, bem como outras partes da espécie. Estas incluem os caules secos utilizados para fazer seccos, tectos de cabanas e celeiros. São também utilizadas como fertilizante nos campos ou como lenha ou espetos (Gannouka, 2021; Nacambo *et al.*, 2021). As raízes e as sementes de *Senna obtusifolia* são frequentemente utilizadas na alimentação e na medicina. Isto significa que *a Senna obtusifolia* está a tornar-se cada vez mais "aceite" pela população local. De facto, foi demonstrado que, quando uma espécie começa a tornar-se invasora numa região, em primeiro lugar, a espécie pode ser vista principalmente de forma negativa se colonizar as culturas (Souley *et al.*, 2020). Em segundo lugar, as pessoas podem apropriar-se gradualmente da planta e testar diferentes utilizações até encontrarem um uso para ela, altura em que a perceção se torna menos negativa (Holmes *et al.*, 2009). A utilização gradual das diferentes partes da *Senna obtusifolia* pode ser explicada pela baixa disponibilidade de recursos vegetais devido à deterioração das condições ambientais e ao clima árido nesta zona. Esta escassez de recursos na zona do Sahel é confirmada por Masson-Delmotte *et al* (2018) e Ayantunde *et al* (2020), que demonstraram que a zona do Sahel se caracteriza por uma elevada sensibilidade à variabilidade climática, vulnerabilidade à seca e um declínio dos recursos vegetais. Esta escassez de recursos levou as populações locais a desenvolver estratégias de adaptação, como a utilização de espécies invasoras para substituir as que desapareceram. Mais especificamente, as populações locais desenvolveram numerosas utilizações tradicionais da *Senna obtusifolia* como estratégia de sobrevivência para ultrapassar os efeitos negativos da sua invasão das zonas de pastagem (Ouedraogo *et al*., 2021). Um caso semelhante foi encontrado com *Sida cordifolia L.*, uma espécie invasora no Níger que substituiu gradualmente certas plantas herbáceas, nomeadamente *Andropogon gayanus* Kunth e *Eragrostis tremula* Hochst.ex Steud. no fabrico de seccos, telhados de cabanas e celeiros (Souley *et al*., 2020).

4.4. Efeitos dos grupos sócio-demográficos na utilização de *Senna obtusifolia*

A utilização de *Senna obtusifolia* difere de um grupo sociocultural para outro. Na zona sudanesa, os Bobo, Dogossin e Tieffo utilizam as folhas de *Senna obtusifolia* como alimento (molho). De acordo com os informantes, os Bobo aprenderam a usar as folhas de *Senna obtusifolia* com os seus pais. Chamam à *Senna obtusifolia* "kikir". Isto significa uma planta com um sabor amargo. Para a preparar, os Bobo têm o cuidado de ferver as folhas e deitar fora a primeira água antes de utilizar uma segunda água para a sua preparação. Isto torna o molho menos amargo. Dogossin e Tieffo, por seu lado, aprenderam com os Bobo a preparar o molho a partir das folhas de *Senna obtusifolia*. A utilização desta espécie é transmitida através da mistura cultural (Batawila *et al*., 2005; Adjatin, 2006). Daí o nome do molho feito a partir das folhas de *Senna obtusifolia*, que é atribuído aos Bobo e denominado "molho Bobo". A espécie é por vezes designada por tiguinfara e por vezes por "kikir", um nome emprestado pelos Bobo. A utilização do mesmo nome por dois ou mais grupos socioculturais sugere que ocupam a mesma zona geográfica ou que têm laços históricos comuns, como referem Dansi *et al* (2008). Assim, os Mossi e os Peulh das duas zonas climáticas têm o mesmo nome vernáculo para a espécie.

Os Mossi e os Peulh da zona sudanesa também utilizam as folhas de *Senna obtusifolia* na sua alimentação. Os Peulh utilizam-na para preparar molhos. Os Mossi utilizam as folhas da espécie para preparar molho, ou cuscuz feito de uma mistura de milho ou painço com folhas de *Senna obtusifolia*, ou "youngou" feito de folhas *de Senna obtusifolia* cozidas e prensadas, temperadas com óleo e sal. Contudo, na zona do Sahel, os Bela, Mossi, Fulani, Gourmantché e Sonrai também utilizam as folhas de *Senna obtusifolia* na sua alimentação (molho, cuscuz, youngou). O conhecimento do modo de utilização da *Senna obtusifolia* varia muito entre os grupos socioculturais. Os Bela utilizam as folhas e as raízes para tratar problemas de estômago e infecções do trato urinário. Este resultado está de acordo com estudos anteriores de Doughari *et al* (2008), que descobriram que as folhas de *Senna obtusifolia* também são usadas localmente como remédio para dores de estômago, infecções do trato urinário, disenteria, diarreia, febre e tosse. Os Bela também utilizam os caules secos para fazer seccos, tectos de cabanas e celeiros para uso próprio ou para venda. Alguns Bela usam os caules para fazer fogo. Os Bela, Mossi, Foulani, Sonrai e Gourmantché aprenderam esta atividade com os seus pais. Os conhecimentos são transmitidos de geração em geração (Goudégnon *et al.,* 2018). Bela afirma que os seccos feitos com os caules secos de *Senna obtusifolia* são mais resistentes do que os feitos com os caules de *Andropogon gayanus*. Os Sonrai e os Gourmancthé utilizam os caules secos para fazer seccos, ou telhados de cabanas. Os Gourmantchés também utilizam as espécies secas como fertilizante nos seus campos. Os Mossi e os Foulani utilizam os caules secos da *Senna obtusifolia* para fazer seccos, cabanas e celeiros. Os Mossi também utilizam as folhas e as raízes para tratar problemas de estômago, disenteria e diarreia. Este facto está de acordo com o estudo de Nacambo *et al* (2021), que refere que muitas partes da *Senna obtusifolia* são utilizadas no tratamento de certas doenças. A este respeito, para além das folhas e dos caules, os Mossi também utilizam as sementes como substituto do café, em conformidade com os resultados de Doughari *et al.* (2008), que mostram que as sementes *de Senna obtusifolia* são frequentemente torradas e fervidas em água para produzir chá ou café. Estes resultados corroboram os de outros na África Ocidental que mostraram a influência de grupos socioculturais na utilização de plantas (Ekué *et al.*, 2010; Koura *et al.,* 2011). Dentro dos grupos socioculturais, as caraterísticas sociodemográficas, como a idade e o género, não têm influência na utilização de *Senna obtusifolia*. Isto pode dever-se ao facto de as utilizações serem percebidas a nível comunitário e não a nível individual.

5. Conclusão parcial

Este estudo forneceu informações sobre o conhecimento e a utilização da *Senna obtusifolia* como espécie invasora. As pessoas reagiram à invasão da *Senna obtusifolia* tanto como vítimas como beneficiárias, e consideram que a aceitação da *Senna obtusifolia* como parte integrante do ecossistema rural é um resultado inevitável. O conhecimento das pessoas sobre a utilização da *Senna obtusifolia* varia muito de um grupo sociocultural para outro. Este facto confirma a nossa primeira hipótese, que afirma que o conhecimento endógeno da *Senna obtusifolia* está associado a um grupo sociocultural específico. O uso de *Senna obtusifolia* está muito difundido entre os grupos socioculturais. No entanto, os Bela estão mais familiarizados com o uso de *S. obtusifolia* do que outros grupos socioculturais. A nossa segunda hipótese, que afirma que o valor de uso da espécie difere consoante a zona climática, é confirmada. Quase todas as partes desta espécie são utilizadas para muitos fins. As pessoas usam *Senna obtusifolia* para alimentação, medicina tradicional e como fonte de rendimento. A espécie é mais utilizada na zona do Sahel do que na zona do Sudão. A nossa terceira hipótese, que estipula que as formas de utilização da espécie são mais diversificadas na zona sudanesa, é invalidada. No que diz respeito à escassez de recursos vegetais, todos os informantes conhecem e utilizam *Senna obtusifolia* para substituir espécies que desapareceram. Esta constatação pode ajudar as partes interessadas a orientar a formulação de políticas e a utilizar melhor as espécies invasoras como a *Senna obtusifolia* a nível comunitário e não local.

CAPÍTULO III: FACTORES DETERMINANTES DA PROLIFERAÇÃO DE *SENNA OBTUSIFOLIA* (L.) H.S IRWIN & BARNEBY E IMPACTO NOS SERVIÇOS ECOSSISTÉMICOS

1. Introdução

Importação, introdução, aclimatação, reprodução e dispersão são um conjunto de processos que levam ao estabelecimento de uma espécie e à sua colonização de novos ambientes ecológicos (Yohann, 2015). Estes processos podem ser biológicos, ambientais ou intrínsecos à espécie invasora (El-Barougy *et al.*, 2020; Leal *et al.*, 2022). No contexto das alterações climáticas, uma espécie anteriormente não invasora pode tornar-se invasora, e muitas espécies nativas alteram as suas distribuições geográficas, entrando em áreas onde anteriormente estavam ausentes (Hellmann *et al.*, 2008). Através da sua proliferação, as plantas invasivas induzem alterações significativas na composição, estrutura e funcionamento dos ecossistemas. Podem comprometer o equilíbrio ecológico dos habitats (Triplet, 2012). Podem prejudicar a biodiversidade e outros serviços ecossistémicos, competindo com os ecossistemas nativos e, por vezes, substituindo-os (Nzigidahera, 2017). Para além destes incómodos ecológicos, são frequentemente encontrados impactos económicos e sanitários (Triplet, 2012). No Burkina Faso, *a S. obtusifolia* invadiu as pastagens do Sahel e do Sudão, provocando uma redução considerável da biodiversidade e das forragens. Infelizmente, até à data, pouca atenção foi dada às causas da proliferação e expansão da espécie, ou ao efeito da sua invasão nos serviços do ecossistema.

Especificamente, trata-se de :

- Determinar o papel do clima, da utilização do solo, da topografia e da sua interação na biomassa, densidade e altura de *S. obtusifolia ;*
- Determinar a influência do clima, do uso do solo e da topografia nos parâmetros de rendimento de *S. obtusifolia;*
- Avaliação do impacto da invasão de *S. obtusifolia* sobre os atributos da vegetação herbácea em áreas pastoris.
- Avaliação do impacto da invasão de *S. obtusifolia* nos serviços ecossistémicos

Os pressupostos que sustentam esta atividade afirmam que:

- O clima é o fator mais importante na invasão de *S. obtusifolia* ;
- A topografia tem uma influência positiva nos parâmetros de rendimento da *S. obtusifolia ;*
- A riqueza taxonómica diminui à medida que o nível de invasão por *S. obtusifolia* aumenta*;*

- O valor pastoril diminui à medida que o nível de invasão por *S. obtusifolia* aumenta.

2. Metodologia

2.1. Plano de amostragem

Foi realizado um levantamento de campo preliminar para identificar e selecionar potenciais locais de estudo. A fim de compreender o papel do clima na proliferação da espécie, foram efectuados inquéritos em duas zonas climáticas: a zona do Sahel e a zona do Sudão. Em cada zona climática, foram identificados os tipos de utilização do solo (zonas pastoris/pousios) (Quadro 5, Anexo 2).

A distinção entre zonas pastoris e zonas de pousio teve como objetivo mostrar o efeito da utilização do solo na expansão de *S. obtusifolia.*

O pousio é uma terra cultivada que é temporariamente posta de lado para a restauração natural da fertilidade do solo. Pode ser utilizado para pastagem ou como área de pastagem para animais (Akpo *et al.*, 2002; lei n° 034-2002/an). No sistema de pecuária extensiva, os pousios constituem a quase totalidade das forragens naturais preferidas pelos criadores de gado durante a estação das chuvas (Koutou *et al.*, 2016).

De acordo com a lei n.º 034-2002/an, que estabelece as diretrizes para a pastorícia no Burkina Faso, as zonas pastoris são áreas reservadas e abertas ao pastoreio de animais.

O método de inventário estratificado, baseado na presença da espécie, foi adotado (Yameogo *et al.,* 2013; Glèlè Kakaï *et al.*, 2016), tendo em conta quatro (4) níveis de invasão de *S. obtusifolia.* Estes níveis de invasão são definidos de acordo com os de Gebrekiros e Tessema 2018:

Fase de invasão 1 (nível de controlo): corresponde à fase de pré-contaminação, durante a qual não estão presentes plantas *de S. obtusifolia* no ambiente.

Fase de invasão 2 (nível baixo ou A): corresponde à fase que vai da contaminação/introdução ao início do estabelecimento, mas a espécie invasora permanece sempre subordinada às outras espécies do meio; fase durante a qual a planta invasora tem uma cobertura que varia de 1 a 30%.

Fase de invasão 3 (nível médio ou B): corresponde à fase em que a planta invasora ocupa uma proporção cada vez maior do **solo** do que as outras espécies, devido à sua capacidade intrínseca (reprodução rápida) e à seleção de outras plantas herbáceas comidas pelo gado; durante esta fase, a planta invasora tem uma cobertura que varia entre 30 e 60%.

Fase 4 de invasão (nível alto ou C): é atingida quando a planta invasora se torna abundante e dominante, ou mesmo monoespecífica, ou apresentando uma taxa de cobertura superior a 60%, para a qual *S. obtusifolia* se torna uma ameaça ecológica (Richardson *et al.* (2000).

[2]No total, foram criadas 160 parcelas de 100 m. Trata-se de 80 parcelas por local de estudo, das quais 40 em zonas pastoris e 40 em pousios, com 20 parcelas por unidade topográfica.

A fim de determinar o papel da topografia na invasão da espécie, foram efectuados levantamentos em glaciares e planícies. De acordo com Kadéba *et al.* (2015), *S. obtusifolia* é uma das espécies caraterísticas das comunidades vegetais de planície na zona saheliana do Burkina Faso. [2]Em cada um dos níveis topográficos (glacis e planície), quatro (04) parcelas de 100 m (Ouédraogo, 2004; Zerbo, 2011), incluindo um controlo e cada uma das outras três correspondendo a um nível específico de invasão de *S. obtusifolia*, foram feitas utilizando uma fita métrica esticada. Dentro de cada parcela, foram colocadas três subparcelas de acordo com o nível de invasão definido para a parcela em causa. [2]Cada subparcela é marcada por uma armação de ferro de 1 m. O tamanho das parcelas (1 m x 1 m) e a sua forma quadrada ajudam a evitar os efeitos de borda e facilitam o estabelecimento rápido de parcelas em formações altas (Fournier, 1991, Porembsky, 2011). No campo, nos níveis mais elevados de invasão, *S. obtusifolia* tem cerca de 1m a 2m de altura. As coordenadas GPS da parcela foram registadas.

Tabela 5Plano de amostragem

Zona climática	Saheliano/Sudanês
Sítios	Sambonaye Sideradougou
Número de parcelas	80 80
Tipo de utilização do solo	Zona de pastorícia/pousio Zona de pastorícia/pousio
Número de parcelas	40 40 40 40
Nível topográfico	Glacis/Bas-fond Glacis/Bas-fond

Número de parcelas	20 20 20 20
Nível de invasão	T A B C T A B C
Número de parcelas	10 10 10 10 10 10 10 10
Número de subparcelas	30 30 30 30 30 30 30 30

2.2. Levantamentos florísticos

Os dados florísticos foram recolhidos de agosto a setembro na zona do Sahel e de outubro a novembro na zona do Sudão. Estes períodos (agosto a novembro) correspondem à folhagem e à floração de várias plantas herbáceas das savanas da África Ocidental (Fournier, 1983), incluindo *a S. obtusifolia.* [2]A altura específica e a taxa de cobertura, bem como a altura média e a taxa de cobertura do estrato herbáceo foram registadas (Anexo 3) em parcelas de 100 m (10m x 10m) (Ouédraogo, 2006; Zerbo, 2011).

Em primeiro lugar, foi elaborada uma lista exaustiva das espécies herbáceas presentes na parcela e a cada espécie foi atribuído o seu coeficiente de abundância-dominância de acordo com a escala de Braun-Blanquet (1932) no formato modificado por Williams (1989) e utilizado por Thiombiano (2005).

O coeficiente de abundância-dominância atribuído à espécie é :

5: cobertura entre 75 e 100% da superfície da declaração

4: cobrindo entre 50 e 75% da superfície da declaração

3: sobreposição de 25 a 50% da superfície da declaração

2b: sobreposição de 15 a 25% da superfície da declaração

2a: sobreposição de 5 a 15% da superfície da declaração

1b: sobreposição de 3 a 5% da superfície da declaração

1a: sobreposição de 1 a 3% da superfície da declaração

1: 1 e 5% da superfície do inquérito

+: alguns indivíduos com menos de 1% da área do inquérito.

r: espécies raras, abrangendo menos de 1% da área de estudo

Foi recolhida uma amostra de cada espécie para identificação e comparação com exemplares do herbário da Universidade Joseph KI-ZERBO. Foi atribuído um código a cada espécie cujo nome científico não era conhecido. Os nomes científicos das espécies foram verificados e determinados com base em obras de flora e botânica (Berhaut, 1979; Poilecot, 1995; 1999; Bonnet *et al.*, 2005; Thiombiano *et al.*, 2012; Arbonnier, 2019), e com a ajuda de doutorandos, técnicos e professores do Laboratoire de Biologie et Écologie Végétales da Universidade Joseph KI-ZERBO.

[2]Dentro de cada parcela, três (03) sub-parcelas de 1 m (1 m x 1 m) foram então instaladas aleatoriamente e a altura média e o número total de indivíduos (densidade) de *S. obtusifolia* foram registados (Anexo 2). Em cada subparcela, foram realizadas operações de corte de biomassa, em que toda a erva foi cortada rente ao solo (Grouzis, 1984; Alhassane *et al.*, 2018; Moussa *et al.*, 2018) com uma foice e colocada numa folha de plástico. Por triagem, *a S. obtusifolia* foi separada das outras plantas herbáceas e o peso fresco de cada uma das pilhas foi determinado utilizando uma balança eletrónica de precisão de 50 kg ± 10 g. Com uma balança eletrónica de precisão de 5 kg ± 1 g, foi retirada uma amostra de 100 g de cada pilha. Para obter um peso seco constante, estas amostras foram primeiro secas no campo e depois no laboratório numa estufa durante 72 horas a 75°C, para não desnaturar os elementos constituintes da amostra, e depois utilizadas para determinar a biomassa seca (Ouédraogo, 2009; Zerbo, 2011).

Para determinar as caraterísticas funcionais de *S. obtusifolia*, foram selecionados aleatoriamente cinco (5) indivíduos em cada parcela. Para cada um dos cinco indivíduos, foi medida a altura, contado o número de vagens, contado o número de sementes por vagem e determinado o peso médio das sementes por vagem.

2.3. Análise dos dados florísticos

2.3.1. Tipos biológicos e tipos fitogeográficos

Foram utilizados tipos biológicos e fitogeográficos para caraterizar a flora herbácea das zonas pastoris. Os tipos biológicos reflectem a variação das condições ambientais (Schmidt *et al.,* 2005). Uma abundância de terófitos na zona de estudo poderia indicar uma perturbação humana, como o sobrepastoreio (Sinsin, 2001). Quanto aos tipos fitogeográficos, eles destacam a área de distribuição das espécies vegetais em diferentes ambientes (White, 1986).

A percentagem de espécies pertencentes a cada uma das formas de vida (ou tipos biológicos) da planta descritas na classificação de Raunkier (1934) foi estabelecida com base na lista completa da flora dos sítios:

- Fanerófitos (Ph): plantas cujos rebentos ou botões persistentes se situam nos eixos aéreos a mais de 40 cm acima do solo.
- Caméfitas (Ch): plantas cujos rebentos ou pontas de rebentos persistentes se encontram perto do solo, em ramos rasteiros ou verticais.
- Geófitos (G): plantas cujos rebentos ou botões persistentes estão abrigados no solo durante a época baixa.
- Hemicriptófitas (H): plantas cujos rebentos ou gomos de substituição se situam ao nível do solo.
- Therophytes (Th): plantas anuais sem órgãos vegetativos persistentes que se propagam de ano para ano por meio de sementes.

A nomenclatura utilizada para os tipos fitogeográficos aqui selecionados segue a do catálogo de plantas vasculares de Thiombiano *et al.* (2012). Estes são :

1. Espécies com uma distribuição geográfica alargada :

- Cosmopolites (Cos): espécies distribuídas tanto em regiões tropicais como temperadas;
- Pantropical (Pan): espécies presentes em todas as regiões tropicais: África, América e Ásia;
- Paleotrópicos (Pal): espécies encontradas na África tropical, Ásia, Madagáscar e Austrália;

2. Espécies multi-regionais africanas

- Afro-Malgaxe (AM): espécies distribuídas em África e Madagáscar;
- Afro-tropical (AT): espécies distribuídas na África tropical ;
- Sudano-Zambézico (SZ): espécies distribuídas nos ambientes africano, sudanês e zambézico (SZ).

Esta informação foi utilizada para determinar os vários índices de vegetação dos habitats invadidos e para analisar o efeito da invasão no valor pastoral dos sítios de estudo, estabelecendo um espetro forrageiro. As pilhas de outras plantas herbáceas formadas foram utilizadas para estabelecer a biomassa acima do solo dessas plantas. A pilha de *S. obtusifolia* foi utilizada para estabelecer a biomassa acima do solo *de S.*

obtusifolia. A nomenclatura APG IV (2016) foi utilizada para a caraterização sistemática das espécies em famílias.

2.3.2. Diversidade e valores pastoris

O software PCord 6 foi utilizado para calcular os índices de diversidade alfa, como riqueza de espécies, diversidade de Shannon, equitabilidade de Pielou e diversidade de Simpson. A riqueza de espécies (SW), onde *RS*= número de espécies por parcela, indica o número de espécies encontradas num ambiente. Índice de diversidade de Shannon (H), com :

$$H=- \Sigma Pi * \ln(Pi) ;$$

Onde Pi é a abundância relativa da i-ésima espécie na parcela. Este índice quantifica a heterogeneidade da diversidade específica de um meio. H varia geralmente em média de 0 a 5 bits. Os seus valores elevados reflectem a abundância de espécies e, por conseguinte, condições ambientais favoráveis. H=0 se todos os indivíduos do grupo pertencerem à mesma espécie (Maguran, 2004).

A equitabilidade de Piélou (E) representa a equi-repartição de todos os indivíduos presentes por espécie.

$$E= H/\ln(S)$$

Varia de 0 a 1 e indica uma distribuição regular dos indivíduos entre as espécies com valores próximos de 1 e a dominância de uma espécie ou de um pequeno número de espécies com valores próximos de 0.

Índice de diversidade de Simpson (D) com :

$$^{2}D =\Sigma(Pi),$$

Onde pi é a abundância relativa da i-ésima espécie na parcela. O índice de Simpson mede a heterogeneidade da abundância das espécies. D=0 se todos os indivíduos do povoamento pertencerem à mesma espécie. Quanto mais elevado for o valor, maior é a diversidade (Maguran, 2004).

A β-diversidade foi avaliada utilizando o índice de similaridade de Sørensen (Cs) baseado na abundância e presença/ausência de espécies. Isto tornou possível comparar a semelhança entre os dois tipos de utilização do solo (pousio e pastagem).

$$Cs = \frac{2J}{2J+a+b}$$

Onde, j = número de espécies comuns, a = número de espécies encontradas apenas no sítio A e b = número de espécies encontradas no sítio B. Este índice varia entre 0 e 1: um valor próximo de 1 indica uma grande semelhança entre os tipos e, por conseguinte, uma baixa beta-diversidade (Maguran 2004).

Para determinar o valor pastoril dos sítios de estudo, foi primeiro elaborada uma lista florística das espécies identificadas por nível de invasão nos dez (10) sítios da zona pastoril. Com base na literatura, foi então atribuído a cada espécie um índice de qualidade específico, no caso das espécies herbáceas, ou um qualificador de palatabilidade (NA: Não palatável; PA: Pouco palatável; A: Palatável e TA: Muito palatável) no caso das espécies lenhosas juvenis (Kiéma, 2002; 2007; 2008; Sawadogo, 2011). Foi determinado o índice de qualidade específico (Is) que reflecte o valor bromatológico de cada espécie herbácea (Akpo *et al.*, 2002). Baseia-se numa escala de quatro classes que variam de 0 a 3 (Akpo *et al.,* 2000; Akpo *et al.*, 2002; Sawadogo, 2011; Ngom *et al.,* 2012): 0: Espécies sem valor pastoral (SVP), 1: Espécies de baixo valor pastoral (FVP), 2: Espécies de valor pastoral médio (MVP), 3: Espécies de bom valor pastoral (BVP).

Para a regeneração lenhosa contida nos inquéritos, as espécies não palatáveis são classificadas como SVP, as espécies pouco palatáveis são classificadas como FVP, as espécies palatáveis são classificadas como MVP e as espécies altamente palatáveis são classificadas como BVP. Bechir *et al* (2015) utilizaram uma escala de seis classes, de 0 a 5, com 0: nenhum valor pastoral; 1: valor pastoral pobre; 2: valor pastoral médio; 3: valor pastoral razoavelmente bom; 4: valor pastoral bom e 5: valor pastoral muito bom. Comparando a escala de quatro classes com a escala de seis classes, as classes 2 e 3, por um lado, e as classes 4 e 5 da escala de seis classes, por outro, foram colocadas, respetivamente, nas classes 2 e 3 da escala de quatro classes. Os qualificadores NA, PA, A e TA foram atribuídos às classes SVP, FVP, MVP e BVP, respetivamente. Estes diferentes grupos de espécies (BVP, MVP, FVP e SVP) ou classes de índices constituem as categorias de espécies forrageiras. Foi utilizada uma revisão da literatura para atribuir índices de qualidade específicos e qualificadores de palatabilidade às espécies (Akpo *et al.*, 2000; Kiema, 2002; Sare, 2004; Kiema, 2007; Kiema, 2008; Sawadogo, 2011; Ngom *et al.*, 2012). Finalmente, foi determinada a taxa média de cobertura de cada espécie nas parcelas. Foi concebida a taxa de cobertura de todas as espécies da mesma categoria de espécies forrageiras ou não forrageiras em função dos níveis de invasão. Isto permitiu representar um espetro forrageiro, indicativo da taxa de cobertura de cada classe de valor forrageiro, em função do nível de invasão.

Para identificar as espécies herbáceas mais dominantes, foi calculada a importância relativa de cada espécie em função do nível de invasão em cada área de estudo. Esta importância foi calculada a partir da soma da frequência relativa e da dominância relativa, que foram obtidas através das seguintes fórmulas:

$$\text{Frequência} = \frac{\text{Nombre de placeaux dans lequel l'espèce apparait}}{\text{Nombre total de placeaux}}\, x100$$

$$\text{Frequência relativa} = \frac{\text{Frequence d'une espèce}}{\text{Somme de toutes les frequences}}\, x100$$

$$\text{Dominância relativa} = \frac{\text{Total des taux de recouvrement d'une espèce}}{\text{Total des taux de recouvrement de toutes les espèces}}\, x\ 100$$

Importância relativa = Frequência relativa + Dominância relativa

As espécies herbáceas dominantes são aquelas com um valor de importância relativa superior a 5 ($IR \geq 5$).

A biomassa seca e a densidade média de *S. obtusifolia* foram então calculadas. A biomassa acima do solo do estrato herbáceo corresponde ao peso da matéria seca de todos os órgãos aéreos por unidade de superfície. É expressa em toneladas de matéria seca por hectare (Zerbo, 2011). O teste de normalidade de Shapiro-Wilk revelou que os dados não estavam normalmente distribuídos. Por conseguinte, foi utilizado o teste não paramétrico Mann Whitney com um limiar de 5% para testar a influência da zona climática, do uso do solo e da topografia na invasão de *S. obtusifolia.*

Para avaliar o impacto do clima, tipos de uso do solo, topografia e sua interação (variáveis explicativas) sobre a biomassa, altura e densidade de *S. obtusifolia (*variável resposta*),* foram realizadas análises de Modelo Linear Generalizado (GLM) com erros de peixe e Gama (biomassa).

Foi efectuada uma comparação múltipla da biomassa *de S. obtusifolia,* da biomassa de outras espécies do estrato herbáceo e da riqueza de espécies, bem como dos índices de diversidade (diversidade de Shannon e equitabilidade de Piélou) entre níveis de invasão, utilizando o teste de Tukey ao nível de significância de 5%. O teste de correlação de Pearson foi utilizado para testar a correlação entre a biomassa e a altura de *S. obtusifolia*. O teste de Wilcoxon foi utilizado para testar a variação entre os traços funcionais de *S. obtusifolia* nas duas zonas climáticas. A Matriz de Correlação de Spearman foi utilizada para testar a correlação entre os traços funcionais de *S. obtusifolia*. Os histogramas foram utilizados para representar os tipos biológicos e fitogeográficos utilizando espectros brutos (número) e ponderados (sobreposição). Todas estas análises foram efectuadas com o software R versão 4.1.0.

3. Resultados

3.1 Efeitos da zona climática, topografia, tipo de utilização do solo e suas interações na densidade e biomassa *de Senna obtusifolia*

Em geral, a zona climática, o tipo de uso do solo e a topografia e a sua interação tiveram um efeito significativo ($p < 0,05$) na densidade e biomassa *de S. obtusifolia (*Quadro 6*)*. O teste de correlação de Pearson revelou uma correlação positiva entre a altura e a biomassa de *S. obtusifolia* (r=60,35%).

Tabela 6Efeitos da zona climática, topografia, tipo de uso do solo e suas interações na densidade e biomassa *de Senna obtusifolia*

Factores ambientais	Densidade de *S. obtusifolia*		Biomassa de *S. obtusifolia*	
	Valor Z	Valor P	Valor Z	Valor P
Clima	-20,443	0,001	3,053	0,002
TUT	-11,442	0,001	2,333	0,019
Topo	-6,561	0,012	1,475	0,014
Clima *TUT	7,667	0,001	-1,786	0,05
Clima *Topo	8,597	0,023	-1,544	0,012
TUT*Topo	3,872	0,04	-1,883	0,03
Clima*TUT*Topo	-4,174	0,001	1,590	0,01

TUT: Tipo de utilização do solo; Topo: topografia. Significância no limiar de 0,05

3.2 Efeitos da utilização do solo na densidade e biomassa de *Senna obtusifolia* em diferentes zonas climáticas

No Sahel, *S. obtusifolia* tem uma densidade elevada, mas os indivíduos têm uma biomassa baixa. Em contraste com esta zona, a zona sudanesa é caracterizada por uma baixa densidade de indivíduos de *S. obtusifolia* com uma biomassa média mais elevada (quadro 7). A biomassa de outras espécies herbáceas é mais elevada na zona sudanesa. O tipo de utilização do solo teve um efeito altamente significativo ($p < 0,05$) na densidade e biomassa de *S. obtusifolia*. As zonas pastoris caracterizam-se por uma densidade elevada mas uma biomassa baixa de *Senna obtusifolia*, enquanto os pousios têm uma densidade baixa e uma biomassa elevada de *S. obtusifolia*. A biomassa de outras plantas herbáceas é inferior à de *S. obtusifolia*. É mais elevada no Sudão do que no Sahel (Quadro 8).

Na zona climática do Sudão, o tipo de uso do solo teve um efeito significativo ($p<0,05$) na densidade de *S. obtusifolia*. No entanto, não teve efeito significativo ($p > 0,05$) na biomassa (Quadro 8).

Tabela 7Efeito do clima na densidade e biomassa de *Senna obtusifolia* e de outras plantas herbáceas em função da zona climática

	Saheliano	sudanês		
Parâmetros	**M±E**	**M±E**	**W**	**P**
Densidade (ind/ha) de *S. obtusifolia*	91,47 ± 74,06.10^4	13,90 ± 21,10.10^4	295,23	<0,001
Biomassa (t/ha) de S. *obtusifolia*	2,14 ± 2,09	3,04 ± 2,92	130,25	<0,001
Biomassa (t/ha) de outras gramíneas	1,45 ± 1,25	1,82 ± 1,75	12397	<0,001

Mesa 8Efeito do tipo de uso do solo na densidade e biomassa de *Senna obtusifolia* e outras plantas herbáceas de acordo com as zonas climáticas

		Zona pastoral	**Pousio**		
Zonas		**M±E**	**M±E**	**W**	**P**
Sahel	Densidade (ind/ha) de *S. obtusifolia*	120,91 ±80,31.10^4	62,04 ±53,21.10^4	0,90343	<0,001
	Biomassa (t/ha) de S. *obtusifolia*	1,73 ± 1,66	2,55 ± 2,40	2243,5	0,008
	Biomassa (t/ha) de outras gramíneas	1,26 ±1,24	1,71 ±1,56	4613	0,05
sudanês	Densidade (ind/ha) de *S. obtusifolia*	20,23 ± 28,01.10^4	7,57 ± 5,48.10^4	2773,5	<0,001
	Biomassa (t/ha) de S. *obtusifolia*	2,77 ± 2,52	3,30 ± 3,27	4201	0 ,034

Biomassa (t/ha) de outras gramíneas	1,62 ±1,02	2,14 ±1,46	5082,5	<0,00 1

Zp: zona pastoril; Ind/ha: indivíduos por hectare; t/ha: toneladas por hectare. * indica uma diferença significativa

3.3. Efeitos da topografia na densidade e biomassa de *Senna obtusifolia* em diferentes zonas climáticas

Em geral, a topografia tem um efeito significativo (p< 0,05) na densidade e biomassa de *S. obtusifolia* (Quadro 9). Tanto na zona do Sahel como na zona do Sudão, a topografia influencia a densidade e a biomassa (p < 0,05) de *S. obtusifolia* (quadro 9).

Tabela 9Efeito da topografia na densidade e biomassa de *Senna obtusifolia* e outras plantas herbáceas de acordo com as zonas climáticas

Zonas	Parâmetros	Terras baixas	Vidros		
		M±E	**M±E**	W	P
Sahel	Densidade (ind/ha) de *S. obtusifolia*	11,03 ± 82,04.10^5	7,264 ± 59,88.10^4	5072, 5	<0,00 3
	Biomassa (t/ha) de S. *obtusifolia*	2,34 ± 2,23	1,83 ± 1,51	4072	0 ,045
	Biomassa (t/ha) de outras gramíneas	1,67 ± 1,4	1,12 ±1,14	5158	<0,00 1
sudanês	Densidade (ind/ha) de *S. obtusifolia*	19,14 ± 28,32.10^4	8,65±61,68.10^3	4562	<0,00 1
	Biomassa (t/ha) de S. *obtusifolia*	3,45 ± 3,43	2,62±2,25	4251	0 ,049
	Biomassa (t/ha) de outras gramíneas	1,97 ± 1,33	1,76 ±1,18	4731	0,026

Ind./ha: Indivíduos por hectare; t/ha: tonelada por hectare; * indica uma diferença significativa.

3.4.Efeitos da zona climática nos parâmetros de altura e rendimento de *Senna obtusifolia*

Os parâmetros de altura e rendimento de *S. obtusifolia* variam significativamente (p < 0,05) de uma zona para outra. A altura individual, o número de vagens, o peso médio das vagens, o número de sementes por vagem e o peso das sementes foram mais elevados na zona sudanesa do que na zona saheliana (quadro 10). No entanto, o comprimento das vagens não varia de uma zona para outra.

A matriz de correlação mostra uma correlação média entre a altura da *Senna obtusifolia* e o número de vagens (quadro 11). Existe uma correlação muito forte entre o peso médio das vagens e o peso das sementes.

Mesa 10Parâmetros de altura e rendimento de *Senna obtusifolia* de acordo com as zonas climáticas

		H (cm)	NG/ind	LG (cm)	PmG (g)	Ng/G	Pg (g)
Sahel	M±sd	82,5 ± 35,76	6 ± 13,51	18 ± 1,98	1 ± 1,04	25 ± 4,00	0,018 ± 1,01
sudanês	M±sd	121,0 ± 36,04	22 ± 52,78	18 ± 2,13	2 ± 0,79	25 ± 4,16	0,032 ± 0,6
Teste de Wilcoxon		W=0,057 P <0,0001*	W=124 P <0,0001*	W=415 P =0,599	W=295 P<0,001*	W=282 P =0,1	W=319 P <0,0001*

Legenda: H: altura de cada indivíduo de *S. obtusifolia*; NG: número de vagens por indivíduo; LG: comprimento da vagem; PmG: peso médio da vagem por indivíduo; Ng/G: número; *Indica diferença significativa; M±sd: média ± desvio padrão.

Mesa 11Matriz de correlação de Spearman entre os traços funcionais de *Senna obtusifolia*

	H (cm)	NG	LG (cm)	PmG (g)	Ng /G	Pg (g)
H (cm)	1					
NG	**0,54**	1				
LG (cm)	0,21	0,26	1			
Pm G (g)	0,24	0,40	0,31	1		
Ng /G	0,26	0,35	0,36	0,25	1	
Pg (g)	0,18	0,33	0,18	**0,92**	0,02	1

Legenda: H: altura de cada indivíduo de *S. obtusifolia*; NG: número de vagens por indivíduo; LG: comprimento da vagem; PmG: peso médio da vagem por indivíduo; Ng/G: número de sementes por vagem; Pg: peso da semente. Valores em negrito representam correlações significativas.

3.5. Efeitos da utilização do solo e da topografia nos parâmetros de altura e rendimento de *S. obtusifolia*

Na zona do Sahel, os parâmetros de altura e rendimento de *S. obtusifolia* variam significativamente ($p<0,05$) tanto em termos de tipos de uso do solo como de níveis topográficos. O peso médio das vagens (PmG) e o peso das sementes (Pg) foram mais elevados no pousio do que na zona pastoril. Em termos de topografia, a altura de *S. obtusifolia* e o número de vagens por indivíduo medidos nas planícies foram superiores aos encontrados nos glaciares (quadro 12).

Mesa 12Efeitos da utilização do solo e da topografia nos parâmetros de altura e rendimento da *Senna obtusifolia* na zona do Sahel

	H(cm)	NG/ind	LG (cm)	PmG(g)	Ng/G	Pg (g)
Zp	80 ± 32,79	5 ± 8,15	18 ± 2,28	0,5± 0,89	25 ± 2,85	0,2 ± 0,57
Pousio	88 ± 37,80	6 ± 16,53	18 ± 1,71	2 ± 1,03	25,5± 4,72	1± 1,19
Teste de Wilcoxon	W=10118 P=0,08	W=9779,5 P=0,02*	W=8859 P=0,82	W=13086 P<0,0001*	W=10456 P=0,022*	W=13376 P<0,0001*
Basfond	92,56±34,09	6 ± 15,51	18,0± 1,99	1 ± 1,03	25 ± 4,11	0,3± 0,73
Vidros	85,69±37,17	5 ± 7,69	18,5 ±1,96	1 ± 1,03	25± 3,09	0,5± 1,22
Teste de Wilcoxon	W=10676 P=0,014*	W=7262 P=0,004*	W=8037 P=0,09	W=7147 P=0,2	W=8994 P=0,85	W=7465 P=0,009*

Legenda: Zp: zona pastoril; H: altura de cada indivíduo de *Senna obtusifolia*; NG: número de vagens por indivíduo; LG: comprimento da vagem; PmG: peso médio da vagem por indivíduo; Ng/G: número de sementes por vagem; Pg: peso da semente.

Na zona sudanesa, o número de vagens e o peso médio das vagens variaram significativamente ($p<0,05$) de acordo com o tipo de uso do solo. Nos pousios, o número de vagens por indivíduo e o peso médio das vagens foram mais elevados do que na zona pastoril. Nas terras baixas, o número de vagens foi significativamente ($p< 0,05$) mais elevado do que no glaciar (Quadro 13).

Mesa 13Efeitos da utilização do solo e da topografia nos parâmetros de altura e rendimento da *Senna obtusifolia* na zona do Sudão

	H (cm)	NG/ind	LG (cm)	PmG (g)	Ng/ G	Pg (g)
Pastoreio	118,5±42,65	17 ± 8,15	18 ± 2,28	1,9 ± 1,03	27± 2,85	0,5 ± 0,57
Pousio	128,5±27,03	25,5±16,57	18 ± 1,71	2 ± 0,89	27 ± 4,72	1± 1,19
	W=10248	W=14712	W=12350	W=13520	W=10951	W=13848

Teste de Wilcoxon	P=0,018*	P<0,0001*	P=0,14	P=0,1	P=0,69	P<0,0001*
Basfond	123,5 ± 39,9	29 ± 69,9	18 ± 2,15	2 ± 0,83	28 ± 3,9	1 ± 0,67
Vidros	116 ± 30,6	19 ± 17,6	18 ± 2,08	2 ± 0,75	27 ± 4,3	1 ± 0,59
Teste de Wilcoxon	W=9378 P=0,012*	W=7432 P<0,0001*	W=10048 P=0,10	W=11702 P=0,52	W=8621 P <0,12	W=11384 P=0,85

Legenda: H: altura de cada indivíduo de *Senna obtusifolia*; NG: número de vagens por indivíduo; LG: comprimento da vagem; PmG: peso médio da vagem por indivíduo; Ng/G: número de sementes por vagem; Pg: peso da semente. *indica uma diferença significativa

3.6. Riqueza taxonómica (família, género, espécie) da vegetação herbácea

A flora inventariada nos dois sítios (zonas do Sahel e do Sudão) compreende 241 espécies recolhidas em 160 parcelas, incluindo 185 espécies herbáceas e 56 espécies lenhosas juvenis (Anexo 3). As espécies herbáceas pertencem a 163 géneros e 54 famílias. As famílias mais dominantes (Quadro 14) são Poaceae (16,34%), Fabaceae (13,42%), Cyperaceae (7,45%) e Rubiaceae (7,40%).

Mesa 14Riqueza taxonómica da vegetação herbácea nas duas zonas climáticas

Famílias (%)	Sahel	sudanês	Famílias (%)	Sahel	sudanês
Arecaceae	-	0,04	**Euphorbiaceae**	0,42	1,35
Acantáceas	0,77	0,98	**Fabáceas**	19,29	17,37
Amaranthaceae	2,82	5,06	**Lamiaceae**	0,28	6,74
Anacardiaceae	0,14	0,13	**Loganiaceae**	-	0,89
Anonáceas	-	0,09	**Malvaceae**	8,74	14,95
Anteriaceae	0,07	0,49	**Marsileaceae**	0,14	-
Apocináceas	-	0,49	**Meliáceas**	-	0,18
Araceae	0,28	-	**Molluginaceae**	0,07	0,04
Arecaceae	0,28	-	**Moráceas**	-	0,18
Asclepiadáceas	0,85	0,09	**Nyctagynaceae**	0,07	0,44
Asteraceae	3,1	5,94	**Onagraceae**	0,63	0,49
Balanitaceae	0,56	-	**Oxalidáceas**	0,07	1,6

Borragináceas	-	0,09	**Phyllanthaceae**	-	1,2
Capparidaceae	0,07	0,13	**Poaceae**	40,15	16,34
Caryophyllaceae	0,35	0,22	**Polygalaceae**	0,14	0,44
Celastraceae	-	0,04	**Portulacaceae**	0,07	0,04
Chrysobalanaceae	-	0,04	**Rhamnaceae**	0,28	0,09
Cochlospermaceae	-	0,05	**Rubiáceas**	7,61	7,36
Combretáceas	0,42	1,73	**Rutáceas**	-	0,31
Commelinaceae	0,45	2,71	**Sapotáceas**	-	0,44
Convolvuláceas	2,89	2,22	**Scrophulariaceae**	0,63	0,09
Cucurbitáceas	0,14	-	**Solanáceas**	0,07	0,31
Cyperaceae	8,1	7,23	**Verbenáceas**	-	0,04
Dioscoreaceae	-	0,22	**Zygophyllaceae**	0,07	0,09
Ebenáceas	-	0,23			

3.7. Tipos biológicos e fitogeográficos das espécies inventariadas

Os espectros biológicos brutos e ponderados mostram a representatividade e a cobertura das espécies herbáceas amostradas nas duas zonas climáticas (Figura 10 e 11). Na zona saheliana, os espectros biológicos das plantas herbáceas nos locais de estudo mostram uma clara predominância dos terófitos, com uma média de 80% das espécies em relação aos outros tipos biológicos (Figura 10). Os terófitos são seguidos pelos fanerófitos, depois pelos camfitos e hemicriptófitos (Figura 10). A mesma tendência é observada na zona sudanesa, com os terófitos a representarem 80% das espécies em relação aos outros tipos (Figura 11).

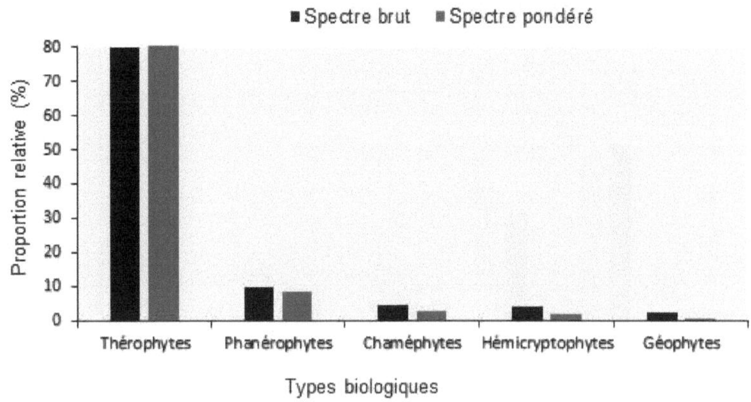

Figura 10Espectro dos tipos biológicos na zona do Sahel

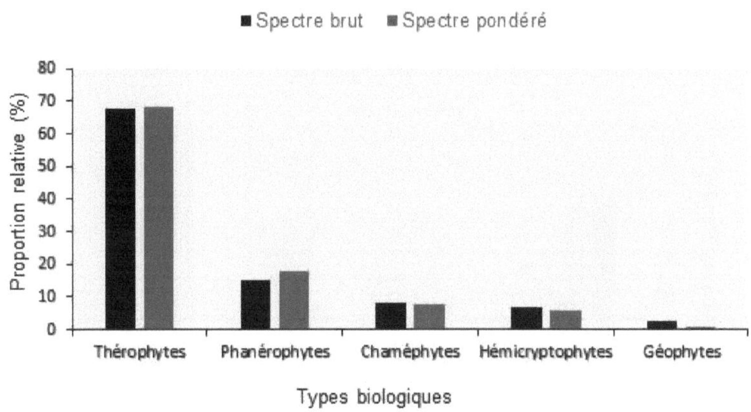

Figura 11Espectro dos tipos biológicos na zona sudanesa

Em função das suas afinidades fitogeográficas, as plantas registadas na zona saheliana são principalmente de origem pantropical (Pan) com uma média de 50% das espécies, afro-tropical (AT) com cerca de 35% das espécies, afro-malgaxe e paleotropical com cerca de 6% das espécies (Figura 12). Na zona do Sudão, as espécies pantropicais e afro-tropicais são as mais representadas, com percentagens médias de 65% e 25%, respetivamente (Figura 13).

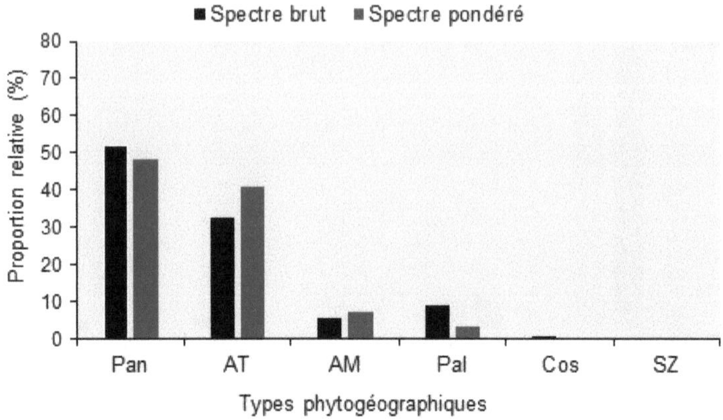

Figura 12Espectro dos tipos fitogeográficos da zona saheliana

AT: Afro-tropical; AM: Afro-Malgaxe; SZ: Sudano-Zambézico; COS: Cosmopolita; Pal: Paleotropical; Pan: Pantropical

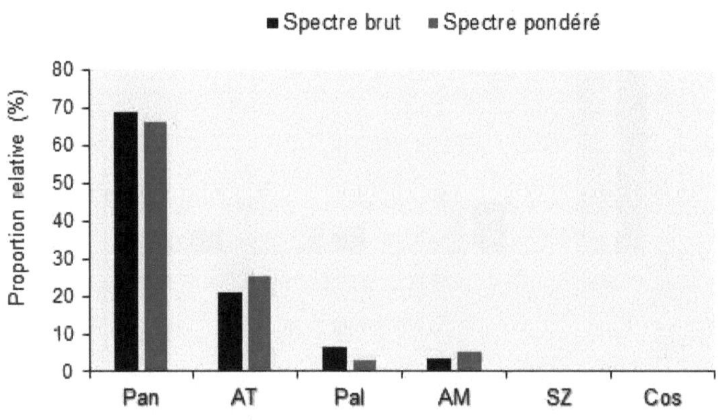

Figura 13Espectro dos tipos fitogeográficos na zona do Sudão

AT: Afro-tropical; AM: Afro-Malgaxe; SZ: Sudano-Zambézico; COS: Cosmopolita; Pal: Paleotropical; Pan: Pantropical

3.8. Diversidade e semelhança dos níveis de invasão de acordo com as zonas climáticas, tipos de uso do solo e topografia

3.8.1. Diversidade dos níveis de invasão de acordo com o tipo de uso do solo

Na zona do Sahel, e mais especificamente nas zonas pastoris como os pousios, as análises mostram que a invasão de *Senna obtusifolia* tem um efeito significativo no número médio de espécies (ddl=3; F=13.01; P < 0.0001), na diversidade (ddl. =3; F= 34,24; P < 0,0001), e a distribuição dessas espécies (ddl. = 3; F= 30,4; P < 0,0001) em função dos níveis de invasão (Tabela 15). A equitabilidade diminuiu significativamente (ddl =3; F=21,34; P < 0,0001) do nível de controlo para o nível de invasão mais elevado (C). O número de espécies é maior nos níveis de controlo e diminui à medida que o nível de invasão aumenta. A mesma tendência foi observada na zona sudanesa.

Mesa 15Distribuição da diversidade florística de acordo com o nível de invasão no tipo de uso do solo por zona climática

Zonas climáticas	TUT	Nível de invasão	S	H	D	E
			M±E	M±E	M±E	M±E
		T	23,6 ± 8,98^{a}	2,30 ± 0,38^{a}	0,86 ± 0,05^{a}	0,74± 0,06^{a}
	ZP	A	18,0 ± 6,16 ^{b}	1,94 ± 0,35^{a}	0,80 ± 0,07^{a}	0,68 ± 0,08^{a}
		B	12,9 ± 5,02^{c}	1,40 ± 0,55^{b}	0,6 ± 0,24^{b}	0,55± 0,19^{b}
		C	6,0 ± 2,54^{d}	0,6 ± 0,36^{c}	0,27 ± 0,17^{c}	0,33 ± 0,14^{c}
Saheliano		T	31,8 ± 12,16^{a}	2,37 ± 0,43^{a}	0,83± 0,11^{a}	0,70 ± 0,08^{a}
	Pousio	A	22,0±4,16 ^{b}	2,04 ± 0,24^{a}	0,80 ± 0,04^{a}	0,66± 0,04^{a}
		B	16,1± 4,25^{b}	1,62 ± 0,31^{b}	0,68 ± 0,1^{b}	0,59± 0,09^{a}
		C	6,5 ± 2,80^{c}	0,57 ± 0,27^{c}	0,27 ± 0,15^{c}	0,3 ± 0,15^{b}
		Valor P	< 0,0001	< 0,0001	< 0,0001	< 0,0001
		T	44,3±12,14^{a}	2,85 ± 0,36^{a}	0,90± 0,05^{a}	0,76 ± 0,07^{a}
	ZP	A	28,5 ± 8,32^{b}	2,4± 0,2^{b}	0,86 ± 0,025^{a}	0,73 ± 0,04^{a}

		B	21,5 ± 5,19^{b}	2,1 ± 0,23^{b}	0,8 ±0,05^{a}	0,69 ±0,43^{a}
sudanês		C	8,6 ± 3,1^{c}	1,13± 0,38^{c}	0,5 ±0,18^{b}	0,53 ± 0,15^{b}
		T	37,5 ± 10,90^{a}	2,84± 0,30^{a}	0,90 ± 0,04^{a}	0,79 ± 0,06^{a}
	Pousio	A	29,3 ±7,08^{b}	2,6 ± 0,16^{a}	0,89 ± 0,02^{a}	0,78 ± 0,05^{a}
		B	23,0 ± 5,03^{c}	2,42 ± 0,22^{b}	0,8 ± 0,04^{a}	0,75 ± 0,07^{a}
		C	13,1 ± 5,25^{d}	1,37 ± 0,38^{c}	0,58 ± 0,16^{b}	0,55 ± 0,11^{b}
		Valor de p	< 0,0001	< 0,0001	< 0,0001	< 0,0001

A comparação é efectuada por coluna (os índices de diversidade para cada tipo de uso do solo são comparados de acordo com o nível de invasão). Letras sobrescritas indicam diferenças significativas. Valores com as mesmas letras indicam que não há diferença significativa.
ZP: Zona pastoral
S: riqueza de espécies; H: índice de diversidade de Shannon; D: índice de diversidade de Simpson; E: equitabilidade Piélou, M±E: média mais ou menos desvio padrão

3.8.2. Diversidade em função dos níveis de invasão e da topografia

Tanto na zona do Sahel como na zona do Sudão, o número de espécies diminui do nível de controlo para o nível mais invadido. As mesmas tendências são observadas em termos de diversidade e distribuição de espécies (Quadro 16).

Mesa 16Distribuição da diversidade vegetal de acordo com o nível de invasão e a topografia, por zona climática

Zonas climáticas	Topo	Nível de invasão	S	H	D	E
			M±E	M±E	M±E	M±E
		T	20,8± 6,03^{a}	2,15 ± 0,32^{a}	0,83±0,07^{a}	0,72±0,08^{a}
	Terras baixas	A	18,8 ±5,02^{a}	1,95 ± 0,27^{a}	0,79±0,06^{a}	0,67±0,07^{a}
		B	12,5± 4,22^{b}	1,44 ±0,38^{b}	0,63±0,17^{b}	0,58±0,14^{b}
		C	5,5 ±2,91^{c}	0,57± 0,40^{c}	0,27±0,19^{c}	0,33±0,18^{c}
Saheliano		T	38,2 ±8,78^{a}	2,71± 0,16^{a}	0,90±0,23^{a}	0,75±0,05^{a}
	Vidros	A	22,8 ±6,65^{b}	2,10± 0,35^{a}	0,81±0,06^{a}	0,68±0,07^{a}
		B	17,1± 4,36^{b}	1,61 ± 0,51^{a}	0,66±0,20^{b}	0,57±0,16^{b}

		C	6,9 ± 2,18^{c}	0,60 ± 0,21^{a}	0,26±0,12^{c}	0,32±0,09^{c}
		Valor P				
	Terras baixas	T	37,8±8,43^{a}	2,73± 0,23^{a}	0,90±0,04^{a}	0,76±0,07^{a}
		A	30,7± 8,48^{a}	2,60± 0,14^{a}	0,88±0,02^{a}	0,77±0,05^{a}
		B	21,3± 4,87^{b}	2,20 ±0,25^{b}	0,82±0,05^{a}	0,73±0,07^{a}
		C	11,0± 4,11^{c}	1,25 ± 0,37^{c}	0,56±0,15^{b}	0,54±0,12^{b}
sudanês	Vidros	T	58,1±11,49^{a}	3,35± 0,23^{a}	0,95±0,01^{a}	0,83±0,05^{a}
		A	31,9± 7,34^{b}	2,62 ±0,19^{b}	0,90±0,02^{a}	0,76±0,05^{a}
		B	25,0 ±4,71^{b}	2,32 ±0,19^{b}	0,85±0,04^{a}	0,73±0,06^{a}
		C	10,9 ±5,53^{c}	1,27± 0,44^{c}	0,57±0,19^{b}	0,55±0,15^{b}
		Valor P				

A comparação é efectuada por coluna (os índices de diversidade para cada unidade topográfica são comparados de acordo com o nível de invasão). As letras sobrescritas indicam diferenças significativas. Valores com as mesmas letras indicam que não há diferença significativa. Topo: topografia

S: riqueza de espécies; H: índice de diversidade de Shannon; D: índice de diversidade de Simpson; E: equitabilidade de Piélou; M±E: média mais ou menos desvio padrão

3.8.3. Similaridade florística entre níveis de invasão de acordo com os tipos de uso do solo

Na zona do Sahel, a flora herbácea das zonas pastoris e dos pousios varia significativamente em função do nível de invasão de *Senna obtusifolia*. O índice de semelhança de Sørensen mostra uma semelhança média entre os níveis de invasão B nas zonas de pousio e pastoris e uma semelhança elevada entre os níveis C nas zonas de pousio e pastoris. No entanto, observou-se uma baixa similaridade entre os níveis A e B de pousio (Quadro 17).

Na zona do Sudão, o índice de similaridade de Sørensen mostra a similaridade entre os níveis de invasão A e C nas zonas pastoris e de pousio. Há pouca semelhança entre o nível A na zona pastoral e o nível B no pousio e entre A e B no pousio (Quadro 18).

Tabela 17Índice de semelhança de Sørensen do estrato herbáceo entre os níveis de invasão de *Senna obtusifolia* em pousios e zonas pastoris na zona do Sahel.

		Tp	Ap	Bp	Cp	Tj	Aj	Bj	Cj
Zona pastora 1	Tp	1							
	Ap	0,4228	1						
	Bp	0,2014	0,4544	1					
	Cp	0,0468	0,2069	0,4506	1				
Pousio	Tj	0,3281	0,3282	0,213	0,0468	1			
	Aj	0,1795	0,3601	0,3727	0,2094	0,3723	1		
	Bj	0,1174	0,3108	**0,5346**	0,4053	0,2373	**0,5726**	1	
	Cj	0,0248	0,1634	0,3621	**0,7463**	0,0437	0,2122	0,4306	1

A negrito: similaridade ≥ 5%, T: não invadido; A: ligeiramente invadido, B: moderadamente invadido e C: fortemente invadido. Zp: zona pastoril

Mesa 18Índice de semelhança de Sørensen do estrato herbáceo entre os níveis de invasão de *Senna obtusifolia* em pousios e zonas pastoris na zona do Sudão.

		Tp	Ap	Bp	Cp	Tj	Aj	Bj	Cj
Zona pastora 1	Tp	1							
	Ap	0,398	1						
	Bp	0,2136	0,4871	1					
	Cp	0,1075	0,3173	0,4917	1				
Pousio	Tj	0,4609	0,3453	0,2074	0,1129	1			
	Aj	0,3381	**0,5**	0,3976	0,2751	0,4072	1		
	Bj	0,3009	**0,5066**	0,4904	0,4022	0,325	**0,578**	1	
	Cj	0,1121	0,2948	0,4381	**0,5617**	0,1152	0,26	0,3735	1

A negrito: similaridade ≥ 5%, T: não invadido; A: ligeiramente invadido, B: moderadamente invadido e C: fortemente invadido. Zp: zona *pastoril*

3.8.4. Similaridade florística entre níveis de invasão de acordo com a topografia

Na zona do Sahel, o estrato herbáceo das terras baixas e dos glaciares varia significativamente em função do nível de invasão de *Senna obtusifolia*. Foi observada uma semelhança média entre os níveis de invasão A, B e C nas planícies e glaciares. Contudo, não se observou qualquer semelhança entre os controlos de nível topográfico (Quadro 19). Na zona sudanesa, o índice de similaridade de Sørensen mostra similaridade entre os níveis de invasão T, A, B e C nas terras baixas e glacis (Quadro 20).

Mesa 19Índice de similaridade de Sørensen do estrato herbáceo entre os níveis de invasão de *Senna obtusifolia* em planícies e glacis na zona do Sahel.

		Tb	Ab	Bb	Cb	Tg	Ag	Bg	Cg
Basfond	Tb	1							
	Ab	0,4535	1						
	Bb	0,3932	0,3982	1					
	Cb	0,4076	0,3497	0,4128	1				
Vidros	Tg	**0,5226**	0,4165	0,3307	0,2712	1			
	Ag	0,3221	**0,5736**	0,3945	0,3821	0,4634	1		
	Bg	0,1832	0,4831	**0,5103**	0,4532	0,4056	0,4764	1	
	Cg	0,1298	0,1935	0,4741	**0,5210**	0,1767	0,33	0,4132	1

Negrito: similaridade ≥ 5%, T: não invadido; A: ligeiramente invadido, B: moderadamente invadido e C: fortemente invadido

Mesa 20Índice de similaridade de Sørensen do estrato herbáceo entre os níveis de invasão de *Senna obtusifolia* em planícies e glacis na zona do Sudão.

		Tb	Ab	Bb	Cb	Tg	Ag	Bg	Cg
Basfond	Tb	**1**							
	Ab	0,4654	1						
	Bb	0,3098	0,4523	1					
	Cb	0,2987	0,3276	0,4245	1				

Vidros	Tg	**0,541**	0,316	0,393	0,249	1			
		2	5	4	1				
	A	0,407	0,483	0,429	0,303	0,417	1		
	g	6	2	8	2	2			
	B	0,239	0,420	**0,540**	0,352	0,316	0,375	1	
	g	4	5	**2**	1	5	4		
	C	0,155	0,211	0,438	**0,522**	0,119	0,184	0,0,327	**1**
	g	6	0	7	**3**	8	3	8	

Negrito: similaridade ≥ 5%, T: não invadida; A: ligeiramente invadida, B: moderadamente invadida e C: fortemente invadida.

3.9. Espécies herbáceas dominantes por zona climática e nível de invasão

Um total de 37 espécies herbáceas são dominantes de acordo com o seu valor de importância relativa ≥ 5. Na zona saheliana, as mais dominantes são as que apresentam o valor de importância relativa mais elevado no nível de invasão C, nomeadamente *Senna obtusifolia (IR= 98,01); Eragrostris tremula* (IR=13,23*); Panicum laetum* (IR=11.58); *Digitaria horizontalis* (IR=8.06); *Dactyloctenium aegyptium* (IR=6.28); *Chrysanthellum americanum* (IR=5.17); *Spermaceae stachydea* (5.17) e *Desmodium hirtum* com um IR de 5.07 (Tabela 21). Estas espécies são de baixo valor pastoral. Na zona sudanesa, *Senna obtusifolia* (IR=9,47), *Hyptis suaveolens* (IR=7,58) e *Sida rhombifolia* (IR=5,21*)* são as espécies herbáceas mais dominantes e têm pouco ou nenhum valor pastoral.

Mesa 21Espécies herbáceas dominantes (importância relativa ≥ 5) zonas climáticas de acordo com os níveis de invasão por *Senna obtusifolia*

		Sahel				sudanês			
Espécies	VP	T	A	B	C	T	A	B	C
Achyranthes aspera	PO	2,18	1,43	2,59	2,60	2,0	2,77	3,7	3,3
	R					1		7	2
	FA								
	VO								
	R								
Alysicarpus ovalifolius	BV	2,89	4,83	4,15	0,95	–	–	–	–
	P								
Aristida adscensionis	BV	2,02	2,81	0,71	–	–	–	–	–
	P								

		Sahel				sudanês			
Espécies	VP	T	A	B	C	T	A	B	C
Brachiaria lata	BVP	2,42	2,85	1,62	2,73	–	–	–	–
Chamaecrista mimosoides	MVP	3,09	4,03	4,21	0,83	–	–	–	–
Chloris gayana	BVP	3,02	3,75	2,77	1,63	–	–	–	–
Chloris pilosa	BVP	5,07	6,30	7,00	4,25	–	–	–	–
Chrysanthellum americanum	POR FAVOR	2,17	2,85	3,43	**5,17**	–	–	–	–
Corchorus olitorius	MVP	2,20	1,50	1,17	0,83	1,48	2,44	2,22	3,32
Corchorus tridens	MVP	2,20	3,37	3,95	4,38				
Cyperus difformis	FVP	–	–	–	–	1,59	1,30	1,77	2,00
Cyperus iria	FVP	3,34	3,62	2,07	0,95				
Dactyloctenium aegyptium	MVP	3,60	7,86	6,87	6,28	1,27	1,47	1,99	3,32
Desmodium hirtum	MVP	2,34	5,32	4,85	5,07				
Digitaria horizontalis	MVP	3,94	6,07	5,86	8,06	1,27	2,28	2,44	2,84
Echinochloa colona	MVP	4,24	2,78	2,99	3,68	–	–	–	–
Eragrostis tremula	FVP	6,19	15,26	17,37	**13,23**	–	–	–	–
Gomphrena celosioides	FVP	–	–	–	–	1,38	1,95	1,99	2,00

		Sahel				sudanês			
Espécies	VP	T	A	B	C	T	A	B	C
Hyptis suaveolens	PORFAVOR	–	–	–	–	1,91	3,09	3,77	**7,58**
Indigofera bracteolata	MVP	–	–	–	–	0,53	0,98	0,89	2,37
Kyllinga pumila	PORFAVOR	–	–	–	–	1,48	2,12	2,44	2,37
Mitracarpus scaber	FVP	–	–	–	–	2,01	3,09	3,10	3,32
Ocimum canum	PORFAVOR	–	–	–	–	1,17	1,63	1,99	2,37
Panicum laetum	FVP	7,55	17,82	15,58	**11,58**	–	–	–	–
Pennisetum pedicellatum	BVP	–	–	–	–	2,00	2,44	2,66	1,89
Schoenefeldia gracilis	MVP	3,14	2,71	3,57	0,83	–	–	–	–
Senna obtusifolia	FVP	–	**22,70**	**48,32**	**98,01**	–	**3,26**	**4,43**	**9,47**
Setaria pumila	BVP	4,01	5,56	3,79	1,65				
SIDA aguda	PORFAVOR	–	–	–	–	1,91	2,61	2,88	3,79

		Sahel				sudanês			
Espécies	VP	T	A	B	C	T	A	B	C
Sida rhombifolia	PORFAVOR	–	–	–	–	1,59	2,28	2,44	**5,21**
Aids urens	BVP	–	–	–	–	1,70	2,28	2,66	3,32
Spermacoce radiata	PORFAVOR	2,93	**8,38**	**6,06**	1,65	–	–	–	–
Spermacoce stachydea	PORFAVOR	4,15	11,55	11,77	5,17	–	–	–	–
Spermacoce verticillata	PORFAVOR	–	–	–	–	1,59	1,47	1,77	2,37
Tephrosia pedicellata	PORFAVOR	–	–	–	–	1,27	1,95	1,99	2,00
Triumfetta rhomboidea	PORFAVOR	–	–	–	–	1,70	2,44	2,88	3,32
Zornia glochidiata	BVP	4,41	**8,42**	**6,72**	2,73	–	–	–	–

Legenda: BVP: Bom Valor Pastoral; MVP: Valor Pastoral Médio; FVP: Baixo Valor Pastoral; SVP: Sem Valor Pastoral
Os traços (-) indicam um valor de importância relativa de < 2 para todos os níveis de invasão.

3.10. Biomassa herbácea por nível de invasão em zonas climáticas

As análises revelam que, na zona climática do Sahel, o nível de invasão de *S. obtusifolia* tem um efeito altamente significativo (ddl. =3; F=21,17; P < 0,0001) sobre a biomassa das outras espécies do estrato herbáceo. A biomassa de outras espécies foi mais alta (2,34 ± 1,09 t/ha) quando a taxa de invasão estava entre 5% e 35%, e muito baixa (0,82 ± 0,52 t/ha) quando a taxa de invasão foi maior que 65%. Em contraste, a biomassa acima do solo de *S. obtusifolia* aumentou com a taxa de invasão, variando de 0,64 ± 0,54 t/ha no nível baixo de invasão a 4,47 ± 1,99 t/ha no nível mais alto (Tabela 22).

Ainda na zona climática do Sudão, o nível de invasão de *S. obtusifolia* também teve um efeito altamente significativo (ddl. =3; F=57,17; P < 0,0001) sobre a biomassa de outras espécies herbáceas. Esta biomassa diminuiu nos ambientes invadidos em comparação com o controlo. Foi maior com valor médio de 3,17 ± 1,34 t/ha para taxas de invasão entre 5% e 35% e menor quando a taxa de invasão ultrapassou 65%, com valor médio de 1,06 ± 0,51 t/ha (Tabela 23). A biomassa acima do solo de *S. obtusifolia* aumentou progressivamente com o nível de invasão. É 1,31 ± 1,46 t/ha para o nível mais baixo e 5,83 ± 3,21 t/ha para o nível mais alto (Quadro 23).

Mesa 22Variação da biomassa acima do solo *de Senna obtusifolia* e outras espécies por nível de invasão na zona do Sahel

	Níveis de invasão de S. obtusifolia					
	T	A	B	C	F	P
Biomassa acima do solo de *S. obtusifolia*	-	0,64±0,53 ᵃ	1,31±0,72 ᵇ	4,47 ± 1,9ᶜ	156,8	<0,001
Biomassa acima do solo de outras plantas herbáceas	2,07±1,18 ᵃ	2,33±1,09 ᵇ	1,87±1,44 ᶜ	0,83± 0,51ᵈ	21,17	<0,001

Os níveis não ligados pela mesma letra são significativamente diferentes ao nível de 5%. Legenda: T: nível não invadido; A: nível ligeiramente invadido; B: nível moderadamente invadido; C: nível fortemente invadido;

Tabela 23Variação da biomassa acima do solo *de Senna obtusifolia* e outras espécies na zona do Sudão

	Níveis de invasão de *S.* obtusifolia					
	T	A	B	C	F	P
Biomassa acima do solo de *S. obtusifolia*	-	1,3 ±1,46^{a}	1,97±1,14^{b}	5,83±3,21^{c}	78,36	<0,001
Biomassa acima do solo de outras plantas herbáceas	4,13±2,08^{a}	3,17±1,34^{b}	2,26±0,89^{c}	1,06±0,51^{d}	57,12	<0,001

Os níveis não ligados pela mesma letra são significativamente diferentes ao nível de 5%. Legenda: T: nível não invadido; A: nível ligeiramente invadido; B: nível moderadamente invadido; C: nível fortemente invadido;

3.11. Valor pastoril em função dos níveis de invasão de *Senna obtusifolia*

No Sahel, a representação gráfica do valor pastoral mostra que a taxa de recuperação das espécies de baixo valor pastoral (LPV) aumenta com o nível de invasão por *S. obtusifolia* (Figura 14). Em níveis elevados de invasão (mais de 65%), a recuperação é máxima, atingindo 100%. Entre estas espécies de Baixo Valor Pastoral (VPP), *a S. obtusifolia* tem uma taxa de cobertura de 99% em comparação com 1% para as outras espécies no nível C. A cobertura de espécies com Valor Pastoral Médio (MVP) e Bom Valor Pastoral (BVP) é maior nos níveis de controlo ou pouco invadidos (nível de invasão A) e praticamente nula nos níveis fortemente invadidos (níveis de invasão B e C). Registámos também uma taxa de cobertura máxima (superior a 10%) de espécies sem valor forrageiro (SVP) nos níveis de controlo. Esta taxa diminui à medida que o nível de invasão aumenta.

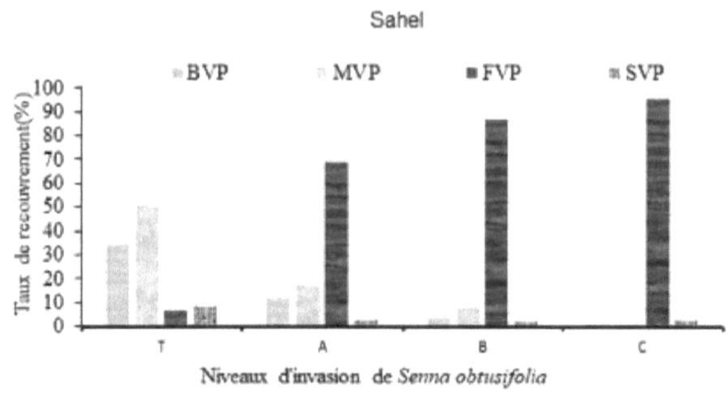

Figura 14Representação gráfica do valor pastoral em função do nível de invasão de *S. obtusifolia* na zona do Sahel.

SVP: espécies sem valor pastoral; FVP: espécies com baixo valor pastoral; MVP: espécies com valor pastoral médio; BVP: espécies com bom valor pastoral.

Na zona sudanesa, os resultados observados são quase semelhantes aos da zona saheliana, onde a taxa de cobertura de espécies de baixo valor forrageiro aumenta com a invasão de *S. obtusifolia* (Figura 15). O nível de invasão C (nível superior a 65%) inclui 90% das espécies de baixo valor forrageiro em comparação com 10% das espécies sem valor forrageiro. Entre as espécies de baixo valor pastoril, *S. obtusifolia* tem uma taxa de cobertura de 80% contra 20% para as outras espécies.

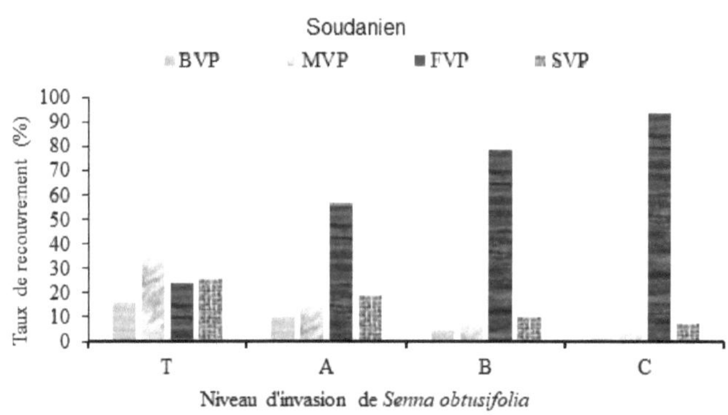

Figura 15Representação gráfica do valor pastoral em função do nível de invasão por *Senna obtusifolia* na zona do Sudão.

SVP: espécies sem valor pastoral; FVP: espécies com baixo valor pastoral; MVP: espécies com valor pastoral médio; BVP: espécies com bom valor pastoral.

4. Discussão

4.1 Influência dos factores ambientais na invasividade de *Senna obtusifolia*

A zona climática, o tipo de utilização do solo, a topografia e a sua interação tiveram um efeito significativo na invasão de *S. obtusifolia*, expressa em termos de crescimento (altura), recrutamento (densidade) e desenvolvimento (biomassa). Na zona do Sahel, a densidade da espécie é mais elevada do que na zona do Sudão. Como o Sahel é uma zona pecuária (Ayatunde *et al.,* 2020) com menos precipitação (400mm a 600mm/ano), é propenso a bolsas de seca prolongada, levando a uma redução dos recursos forrageiros. Esta escassez de forragem obriga o gado, durante este período seco, a consumir as vagens secas de *S. obtusifolia* e a espalhar as sementes durante o seu pastoreio. Os nossos resultados corroboram os de Thiombiano *et al* (2012) e Ouédraogo *et al* (2021), que constataram que o gado favorece a propagação de *S. obtusifolia.* A densidade de *S. obtusifolia* é mais elevada nas zonas pastoris do que nos pousios. Pensa-se que esta densidade elevada de *S. obtusifolia* se deve à elevada frequência de gado nestas zonas. Isto permite-lhes consumir as vagens secas de *S. obtusifolia* e espalhar as sementes, especialmente na estação seca. Kiéma *et al* (2012) verificaram que os animais consomem as vagens secas de *S. obtusifolia* e espalham as sementes contidas no estrume durante o pastoreio.
A topografia tem um efeito significativo na proliferação de *S. obtusifolia.* A espécie é mais abundante, com um tamanho grande e uma biomassa elevada, nos baixios do que nos glaciares. Isto pode ser explicado, em parte, pelo facto de as águas de escoamento transportarem as sementes de *S. obtusifolia* para os baixios. Grubben e Denton (2004) e Kadéba *et al.* (2015) constataram que *S. obtusifolia* é muito abundante em zonas baixas ao longo dos rios. Além disso, a humidade nos baixios teria favorecido o tamanho grande e a biomassa elevada dos indivíduos da espécie, em comparação com os glaciares, onde o tamanho e a biomassa de *S. obtusifolia* são reduzidos.

Os indivíduos selecionados para as medições dos parâmetros de altura e rendimento apresentaram maior altura, maior número de vagens por planta, maior peso médio das vagens, maior número de sementes por vagem e maior peso das sementes na zona sudanesa do que na zona saheliana. Isto pode ser explicado pelo facto de o aumento da precipitação significar uma maior disponibilidade de nutrientes e água (Santiago *et al.,* 2004), o que é propício ao desenvolvimento das plantas. Foi encontrada uma forte correlação positiva entre o peso médio da vagem e o peso das sementes na vagem. Este facto sugere que as sementes ocupam uma grande parte da vagem.

4.2 Impacto da invasão de *Senna obtusifolia* na diversidade vegetal

A forte invasão dos sítios de estudo por *S. obtusifolia* conduziu a um declínio de várias espécies e, por conseguinte, a uma redução gradual da biodiversidade. É neste sentido que Muller (2000) afirma que as espécies invasoras podem ter um impacto negativo, mas muito subtil, na biodiversidade ou refletir uma disfunção no ecossistema. Para recordar, as espécies inventariadas são maioritariamente dominadas por terófitos. Esta dominância de espécies anuais reflecte o nível de perturbação dos habitats colonizados por *S. obtusifolia*. Isto implica que estas terófitas se estabeleceram após uma série de perturbações que libertaram espaço em seu benefício (Goudard, 2007). De um modo geral, a invasão de *S. obtusifolia*, influenciada pelo clima, afectou o número e a distribuição das espécies vegetais nas duas zonas climáticas. Na zona do Sahel, as condições climáticas parecem ser mais favoráveis ao estabelecimento de *S. obtusifolia* em detrimento de outras espécies herbáceas. Por outro lado, na zona climática do Sudão, as condições climáticas são mais favoráveis ao estabelecimento de várias espécies de plantas. Estes resultados estão de acordo com os de Zerbo (2018), que constatou que a riqueza de espécies aumenta com o aumento da precipitação e da duração da estação das chuvas. Assim, na ausência de pressão antropogénica e em habitats ainda não dominados pelas espécies invasoras, a diversidade florística é elevada. Em termos de utilização do solo, as pastagens invadidas por *S. obtusifolia* albergam menos espécies do que as pastagens menos invadidas, como os pousios. As pastagens são permanentemente utilizadas pelo gado, o que, na maior parte das vezes, provoca um sobrepastoreio, ao contrário dos pousios, onde a utilização do gado é ocasional. Resultados semelhantes foram comunicados por Idrissou *et al* (2020), que afirmam que a riqueza taxonómica (número de espécies, famílias e géneros) diminui à medida que a intensidade do pastoreio aumenta. Akpo e Grouzis (2000) também referiram que uma intensidade de pastoreio elevada conduz a uma diminuição da riqueza florística das pastagens. A diversidade diminui à medida que o nível de invasão aumenta. O sobrepastoreio levou a uma seleção frequente de espécies palatáveis em favor de espécies menos palatáveis ou não palatáveis, que ocuparam mais espaço. Mecanismos como a herbivoria foram identificados como factores que podem explicar predominantemente a susceptibilidade à invasão (Levine *et al.*, 2004). Os níveis de invasão (C) são semelhantes nas zonas de pousio e nas zonas pastoris. Estes níveis são dominados por uma elevada densidade de *Senna obtusifolia* e o desaparecimento virtual de outras espécies. Foi referido que, quando o ambiente é favorável ao seu estabelecimento, *a Senna obtusifolia* é capaz de excluir todas as espécies nativas e formar ambientes monoespecíficos, provocando assim alterações ecológicas (Mackey *et al.*, 1997; Tye *et al.*, 2003). As espécies invasivas podem eliminar espécies menos competitivas, mas frequentemente muito úteis, raras ou mesmo endémicas (Muller, 2000). Algumas espécies invasivas podem mesmo perturbar profundamente o habitat natural, tornando-o inadequado para as espécies locais (Lowe *et al.*, 2007). Gebrekiros e Tessema (2018) revelaram que a diversidade florística é elevada em sítios não invadidos ou ligeiramente invadidos *por S. obtusifolia.* Além disso, a forte competição interespecífica criada pelas espécies invasoras em habitats fortemente invadidos não é propícia ao estabelecimento de uma elevada diversidade de espécies vegetais.

A invasão de *S. obtusifolia* reduz a produtividade das outras espécies do estrato herbáceo. Verificou-se que, mesmo num habitat pouco invadido, a biomassa produzida por *S. obtusifolia* excede um quarto da biomassa total do estrato herbáceo. Com uma taxa de invasão superior a 65%, a biomassa de *S. obtusifolia* excede 70% da biomassa total do estrato herbáceo. Neste caso, a biomassa das outras espécies do estrato herbáceo é reduzida em mais de metade em relação à biomassa potencial. Esses resultados estão de acordo com os de Gebrekiros e Tessema (2018), que mostram baixa produção de outras espécies herbáceas em ambientes invadidos por *S. obtusifolia.* Como esta espécie não é muito palatável quando fresca (Kiema *et al.,* 2012), a pressão de pastoreio será maior nos níveis de controlo e ligeiramente invadidos. A produção de biomassa na savana natural varia muito de acordo com a pressão de pastoreio (Botoni *et al.,* 2006). Numa área pastoreada, a fitomassa pode representar 50 a 90% do seu valor potencial (Fournier, 1994). A invasão de *S. obtusifolia* reflecte-se na sua forte proliferação e no aumento do seu crescimento. Esta espécie monopoliza os recursos nutritivos do meio em detrimento de outras espécies que, sob a influência desta competição interespecífica, vêem o seu desenvolvimento reduzido. De acordo com Gebrekiros e Tessema (2018), *S. obtusifolia* monopoliza a luz, a humidade, os nutrientes e o espaço em detrimento de outras espécies. De facto, durante a recolha de dados, as observações revelaram que, nos níveis de invasão C (invasão $\geq$ 65%), as outras espécies herbáceas têm um hábito bastante alongado, menos espalhado e, muitas vezes, parecem frágeis.

A taxa de cobertura das espécies de baixo valor de pastoreio aumenta com a invasão de *S. obtusifolia*. A invasão provoca uma proliferação de indivíduos da espécie e, por conseguinte, um aumento da sua taxa de cobertura. De facto, a própria *S. obtusifolia* é uma das espécies de baixo valor pastoril (Kiéma, 2002; 2007; 2008; Sawadogo, 2011) com uma forte presença nos meios invadidos. Consequentemente, as alterações na sua taxa de cobertura são indicativas da taxa de cobertura de espécies de baixo valor pastoral num ambiente. A partir de uma taxa de invasão de 65%, as espécies de baixo valor pastoril ocupam praticamente toda a superfície do ambiente, com *S. obtusifolia* ocupando sozinha 90% desta superfície. Em ambas as zonas climáticas, *S. obtusifolia* é a espécie com o valor de importância relativa mais elevado. Estes valores revelam um claro predomínio de espécies com pouco ou nenhum valor pastoral. Depois de *S. obtusifolia* vem *Eragrostris tremula* na zona do Sahel e *Hyptis suaveolens* na zona do Sudão. A taxa de cobertura de espécies com valores pastoris médios e bons é mais elevada nos níveis de controlo e em ambientes pouco invadidos do que em ambientes fortemente invadidos. A invasão de *S. obtusifolia* contribui assim para reduzir a disponibilidade de espécies de palatabilidade média e alta. Esses resultados são consistentes com os de Gebrekiros e Tessema (2018), que descobriram que a taxa de descarte ou espécies não palatáveis é alta em locais invadidos por *S. obtusifolia*. A composição florística é o fator determinante essencial da qualidade das pastagens (Kiéma, 2002). Por conseguinte, a qualidade das pastagens e, consequentemente, a pecuária extensiva são diretamente ameaçadas pela invasão de *S. obtusifolia*. No entanto, as espécies sem valor pastoril dominam (com uma taxa de cobertura de mais de 55%) nos níveis invadidos. Isto pode ser explicado pela elevada seletividade das espécies consumidas durante o pastoreio. O resultado é um aumento da taxa de recusa. Vários autores (Guinko, 1984; Botoni *et al.*, 2006; Alhassane *et al.*, 2018) constataram que a elevada pressão de pastoreio e a elevada seletividade das espécies palatáveis podem levar à degradação da flora pastoril, abrindo caminho ao estabelecimento de espécies sem valor pastoral, indicativas de esgotamento das pastagens.

5. Conclusão parcial

Esta atividade mostra que o clima, os tipos de uso do solo, a topografia e a sua interação influenciam a proliferação de *S. obtusifolia.* A primeira hipótese, que afirma que o clima é o fator mais importante na invasão de *S. obtusifolia*, foi invalidada. Na zona do Sahel, a densidade de *S. obtusifolia* é mais elevada do que na zona do Sudão, onde se observa uma baixa densidade da espécie. No entanto, a biomassa de *S. obtusifolia* é mais baixa na zona do Sahel do que na zona do Sudão. As pastagens são habitats caracterizados por uma proliferação significativa de *S. obtusifolia* em comparação com os pousios. Esta proliferação de *S. obtusifolia* está sujeita à sua disseminação, mas o seu crescimento é melhor nos pousios, que são solos em reconstituição. A topografia tem um efeito significativo na proliferação da *S. obtusifolia.* A espécie é mais abundante, com um tamanho grande e uma biomassa elevada, nas planícies do que nos glaciares. A segunda hipótese, que afirma que a topografia influencia os parâmetros de rendimento de *S. obtusifolia*, é confirmada. Esta atividade revela que a invasão de *S. obtusifolia* modifica a riqueza de espécies de plantas herbáceas e de plantas lenhosas juvenis nas duas zonas climáticas, contribuindo assim para reduzir a diversidade florística. A terceira hipótese, que afirma que a riqueza taxonómica diminui à medida que o nível de invasão de *S. obtusifolia* aumenta, é confirmada. A qualidade forrageira das zonas pastoris invadidas diminui com o aumento da taxa de cobertura das espécies de baixo valor pastoril e com a diminuição da taxa de cobertura das espécies de médio e bom valor pastoril. A quarta hipótese, que afirma que o valor pastoral diminui com o aumento dos níveis de invasão por *S. obtusifolia*, é confirmada. Um nível elevado de invasão de *S. obtusifolia* conduz a uma redução drástica da biomassa acima do solo produzida pelo resto do estrato herbáceo. No entanto, a degradação das pastagens não pode ser atribuída apenas à invasão por *S. obtusifolia.* As alterações da flora e da vegetação das pastagens num dado momento são o resultado da ação combinada de vários factores humanos e ecológicos (animais, clima). No entanto, é importante perguntar se a rápida invasão da *S. obtusifolia* se deve em parte à sua capacidade de dominar outras plantas herbáceas.

CAPÍTULO IV: COMPETITIVIDADE DA *SENNA OBTUSIFOLIA* (L.) H. S. IRWIN & BARNEBY COM TRÊS ESPÉCIES HERBÁCEAS EM DIFERENTES REGIMES HÍDRICOS

Um artigo foi elaborado a partir deste capítulo e publicado com a seguinte referência:

Alhassane Zaré, Pawend-taore Christian Bougma, Ouedraogo Karim, Oumarou Ouédraogo (2022): Avaliação da capacidade competitiva da invasora *Senna obtusifolia* com espécies nativas coexistentes sob diferentes regimes de stress hídrico. *Revista de Biologia Experimental e Ciências Agrárias*. DOI: http://dx.doi.org/10.18006/2022.10(5).1149.1167

1. Introdução

O sucesso das plantas invasoras depende de vários factores abióticos e bióticos (Martin & Coetzee, 2014; Leal *et al.*, 2022), bem como de caraterísticas biológicas ligadas à sua capacidade de colonização (Wickert *et al.*, 2017; Yu *et al.*, 2018; El-Barougy *et al.*, 2020). Em geral, fatores abióticos como a água, a luz e os nutrientes pelos quais as plantas competem no processo de crescimento e desenvolvimento (Wang *et al.*, 2012) podem influenciar a intensidade da competição (Yu *et al.*, 2018) quando estes recursos são limitados entre indivíduos próximos com uma necessidade comum (Bastiani *et al.*, 2016; Zhou *et al.*, 2018). As condições climáticas actuais podem ser uma das causas desta invasão. As previsões climáticas apontam para uma tendência decrescente da precipitação, conduzindo a secas mais intensas. Este facto pode também facilitar a proliferação de plantas invasoras (Diez *et al.*, 2012; Paudel *et al.*, 2018). Por exemplo, nas pastagens sahelianas da África Ocidental, o clima árido caracterizado por secas severas (Issaharou-Matchi *et al.*, 2016) favoreceu a proliferação de plantas invasoras devido ao seu elevado desempenho fisiológico (Oliveira *et al.*, 2014). Nessa situação, a espécie com alta capacidade de aquisição de recursos pode superar suas congêneres e se tornar invasora (Funk *et al.*, 2016; Broadbent *et al.*, 2018). *A Senna obtusifolia* foi identificada como uma espécie herbácea que invadiu as pastagens do Sahel. A sua invasão representa, portanto, um grande desafio para a pecuária, o que aumenta ainda mais o problema da disponibilidade de forragens de qualidade para o gado.

Os objectivos do presente estudo são :

- para determinar a capacidade de colonização de *S. obtusifolia* num ambiente controlado;
- testar a sensibilidade de *S. obtusifolia* ao défice hídrico num ambiente controlado.

Os pressupostos subjacentes a esta atividade estipulam que :

- a capacidade competitiva da *S. obtusifolia* deve-se às suas caraterísticas biológicas;
- o défice hídrico é um fator que melhora o desempenho da *S. obtusifolia* em detrimento das suas congéneres.

2. Apresentação do local de estudo

A experiência foi realizada no Centre National des Semences Forestières (CNSF) em Ouagadougou, Burkina Faso. Está situado a norte da cidade de Ouagadougou no Burkina Faso, no eixo Ouagadougou-Kaya entre 12°24'31.78"N e 01°28'59.33"W (Figura 16). A região central situa-se na zona climática Sudano-Saheliana (Guinko, 1984). O clima é caracterizado por uma estação seca relativamente longa, de outubro a maio, e uma estação chuvosa, de maio a meados de outubro, com precipitações muito intensas em julho e agosto. A precipitação média anual na zona Sudano-Saheliana situa-se entre 600 e 900 mm. Os dados climáticos para a área de estudo (Ouagadougou) obtidos da Agência Nacional de Meteorologia do Burkina Faso mostram uma precipitação média anual de cerca de 860 mm, com uma temperatura média anual de 28,86°C em 2018. A temperatura e a humidade médias no CNSF foram de 30,2 a 32,54°C e 62,46 a 74,47%, respetivamente, de julho a outubro de 2019.

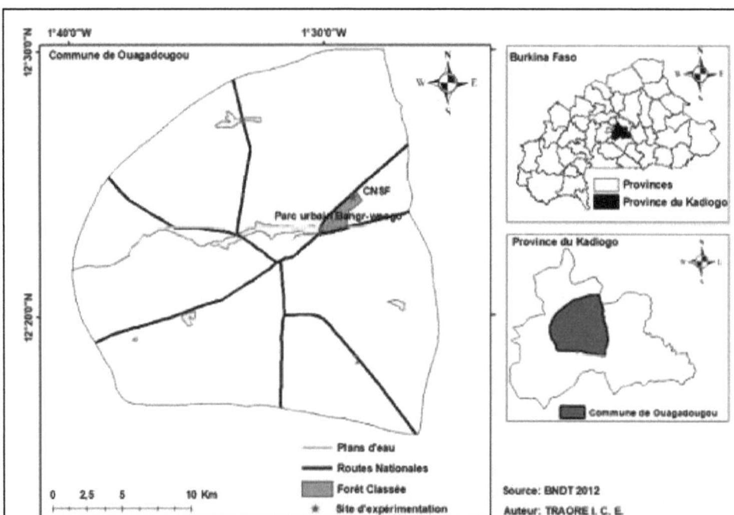

Figura 16Apresentação da área de estudo

3. Descrição e justificação da escolha das espécies em concorrência com a *Senna obtusifolia*

Três espécies com um elevado valor forrageiro e pertencentes a diferentes grupos funcionais foram selecionadas para a experiência. São elas: *Andropogon gayanus* (erva perene), *Pennisetum pedicellatum* (erva anual) e *Chamaecrista mimosoides* (leguminosa anual). Estas três espécies têm também uma elevada capacidade de resistência à seca (Adams & Setterfield, 2013; Issaharou-Matchi *et al.*, 2016) e cada uma delas foi combinada com *S. obtusifolia* em vasos de estufa sob défice hídrico. De facto, a capacidade competitiva entre leguminosas e gramíneas por recursos já foi testada por vários autores (DeBoer *et al.*, 2020; Grüner *et al.*, 2020; Khatiwada *et al.*, 2020).

3.1. Biologia e ecologia das espécies em competição com *Senna obtusifolia*

3.1.1. *Chamaecrista mimosoides* (L.)

Geralmente anual, pode assumir uma forma arbustiva perene em regiões húmidas (Berhaut, 1967). *O C. mimosoides* pertence à família das Fabaceae. É uma planta erecta, de 30 a 70 cm de altura, podendo atingir 120 cm, com uma fraca ramificação e um perfil elíptico. *C. mimosoides* tem folhas alternas, compostas, paripinadas. As flores são amarelas, isoladas a fasciculadas por 2 a 4 e inseridas claramente acima da axila peciolada, no caule (Foto 5). Os frutos desta planta são vagens lineares, achatadas, muito ligeiramente arqueadas e pubescentes. Cada vagem tem em média 5 cm de comprimento e 0,5 cm de largura. A vagem contém 12 a 24 sementes dispostas numa única série. As valvas enrolam-se após a deiscência. As sementes são pequenas e achatadas, de forma retangular. Têm 3,5 mm de comprimento, 2 mm de largura e 0,6 mm de espessura. O revestimento da semente é liso e de cor bege clara. Reproduz-se apenas por semente. O ciclo de desenvolvimento é relativamente longo. A germinação ocorre na estação húmida após chuvas fortes. A floração só ocorre na estação fria (agosto) e a frutificação prolonga-se até ao fim da estação seca (Figuiere *et al.,* 1998). Esta leguminosa é também uma espécie de baixo valor forrageiro. Pode produzir nódulos que fixam o azoto do solo, nomeadamente em condições extremas (humidade elevada ou seca). Esta espécie do género *Chamaecrista* contém substâncias tóxicas que podem causar lesões musculares e neurológicas quando consumidas pelo gado em grandes doses (Berhaut, 1967).

Fotografia 4*Chamaecrista mimosoides*, autor : ZARE Alhassane CNSF 09/2019

A Chamaecrista mimosoides (L.) está presente em toda a África tropical e na Ásia. Também se encontra na Austrália. Desenvolve-se em solos arenosos e bem drenados, onde forma populações dispersas que não têm um elevado potencial de invasão. Embora não seja uma erva daninha muito problemática, *C. mimosoides* não é classificada como uma espécie invasora (CBD, 2014), mas o seu estatuto difere de país para país. No Níger, é potencialmente invasora de acordo com o CNEDD (2010).

3.1.2. *Andropogon gayanus* Kunth.

O Andropogon gayanus Kunth. é uma gramínea perene pertencente à família Poaceae. É uma planta perene grande, áspera e erecta, que cresce de 1 a 3 m de altura, podendo mesmo ultrapassar os 4 m. O caule tem entrenós e é inteiramente coberto por bainhas de folhas durante a fase de crescimento. Nesta fase, a planta forma numerosos talos. No momento do vingamento, cada um destes perfilhos pode desenvolver um caule longo e macio, com mais de uma dúzia de folhas e terminando numa inflorescência em falsa panícula com cerca de 40 a 60 cm de comprimento. Com um rizoma curto de inter-nós e ramificação intra-vaginal, forma um tufo de cerca de 1 m de diâmetro graças a um perfilhamento abundante (Foto 6) segundo Traoré (1996). Ao contrário das plantas anuais, que sobrevivem à estação seca como sementes, as gramíneas perenes sobrevivem à estação seca como plantas vegetativas. A presença de partes vegetativas residuais e de um aparelho radical permite-lhes rebrotar rapidamente quando chegam as primeiras chuvas. O ciclo completo de desenvolvimento sazonal dura em média 6 a 7 meses, consoante o ecótipo e a localização geográfica. Na zona saheliana, dura 4 meses e na zona guineense, 9 meses (Traoré, 1996).

Fotografia 5Tufos de *Andropogon gayanus;* autor ZARE Alhassane Sidéradougou 10/2018

O Andropogon gayanus Kunth. é originário das savanas africanas, onde prolifera particularmente em pousios (Fournier, 1994), e está disseminado na maioria das savanas tropicais africanas entre isoietas de 400 e 1500 mm (Traoré, 1996). Quando as condições pedológicas e topográficas são favoráveis, a espécie pode desenvolver-se com precipitações inferiores a 400 minutos. É uma espécie que pode ser encontrada numa grande variedade de ambientes, tais como campos, pousios e margens de aterros, caminhos e estradas. No Burkina Faso, a espécie encontra-se nas savanas, com uma distribuição mais pronunciada na zona Sudano-Saheliana (Thiombiano *et al.,* 2010). É utilizada como espécie forrageira para restaurar pastagens degradadas e parece ser uma gramínea que compete eficazmente com espécies invasoras (Mitja *et al.,* 2004).

3.1.3. *Pennisetum pedicellatum* Trin.

O Pennisetum pedicellatum pertence à família Poaceae. Trata-se de uma gramínea anual arbustiva com caules erectos ou espalhados que podem atingir 40 a 100 cm ou mais. A planta é geralmente muito alta. O caule é cilíndrico, ramificado e, por vezes, com raízes em estacas. As folhas, com cerca de 30 cm de comprimento e 1 cm de largura, são lineares a amplamente lineares; são muito largas no meio e estreitas nas pontas, tornando-se pontiagudas na parte superior e estreitando-se na base. A inflorescência é uma panícula cilíndrica muito contraída, semelhante a uma espiga terminal, com 5 a 15 cm de comprimento e 1 a 2 cm de largura (Foto 7), segundo Poilecot (1999).

Fotografia 6Tufos de *Pennisetum pedicellatum,* autor ZARE Alhassane DORI 9/2019

O Pennisetum pedicellatum encontra-se em toda a savana tropical africana. No Sudão, está frequentemente associado a *Andropogon gayanus*, *Loudetia togoensis e Digitaria gayana* (Poilecot, 1999). A espécie desenvolve-se bem em solos profundos e moderadamente profundos. O ciclo de desenvolvimento prolonga-se com a precipitação. Quanto mais curta for a estação das chuvas, mais longos serão os ciclos. Assim, encontram-se ciclos de 102 a 112 dias na isoieta de 600 mm, 120 dias na isoieta de 900 mm e 130 dias na isoieta de 1250 mm (Traoré 1996). A espécie pode ser propagada por sementeira natural, por sementeira em linha ou por sementeira a lanço. O corte também é possível em certas condições, nomeadamente quando o solo está húmido (Penning *et al.,* 1982). É uma espécie de bom valor forrageiro utilizada para restaurar pastagens degradadas.

4. Metodologia

4.1. Material vegetal

O material vegetal utilizado para testar a competitividade de *S. obtusifolia* consistiu em sementes (Foto 8) de duas leguminosas (*S. obtusifolia* e *C. mimosoides*) e duas gramíneas (*A. gayanus* e *P. pedicellatum*). As sementes destas espécies provêm de pastagens da zona saheliana do Burkina Faso. Esta zona é considerada a principal região pecuária do Burkina Faso (Ouedraogo e Ayantunde, 2019), onde *a S. obtusifolia* é uma das espécies mais difundidas (Zerbo *et al.*, 2016) e pode ser mais tolerante ao défice hídrico. O clima é saheliano, com precipitação anual inferior a 600 mm. As vagens secas contendo as sementes foram colhidas na maturidade, em meados de novembro, diretamente das plantas para evitar a infestação em contacto com o solo, e depois colocadas em envelopes. As sementes colhidas em novembro foram armazenadas no laboratório à temperatura ambiente (25 a 30°C) e semeadas em junho.

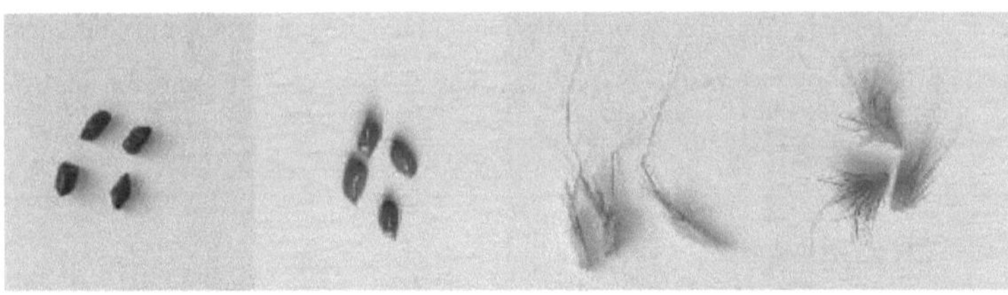

S. obtusifolia C. mimosoides A. gayanus P. pedicellatum

Fotografia 7Sementes das espécies estudadas

4.2. Teste de germinação em laboratório

O teste de germinação em laboratório foi efectuado para determinar as melhores taxas de germinação. Para o efeito, o teor de água das sementes foi avaliado antes da sua germinação através de um aparelho.

4.2.1. Avaliação do teor de humidade das sementes

Este teste é utilizado para verificar a qualidade das sementes antes da sua germinação (apêndice 6). A perda de água, consoante as espécies, significa que as sementes estão mais bem conservadas. Este facto pode garantir uma maior capacidade de germinação. Segundo a ISTA (2009), o teor de humidade de uma amostra é a sua perda de peso quando seca de acordo com estas regras. O teor de humidade é expresso em percentagem do peso da amostra inicial.

Para cada espécie, foram utilizadas quatro réplicas de cinco sementes para avaliar o teor de humidade. Depois de pesar os copos vazios e, em seguida, os copos com as sementes, as sementes foram secas durante 17 horas numa estufa, de acordo com as regras da ISTA (2009). Quando saíram da estufa, os copos (o recipiente que continha as sementes) foram arrefecidos durante 45 minutos num exsicador, antes de serem novamente pesados. O teor de água foi então determinado através da seguinte fórmula:

$$TE = \frac{Pom - pim}{po\,m} \times 100$$

Com : **P0m**= peso médio das sementes frescas**; Pim**: peso médio das sementes secas; **TE**: teor de água.

4.2.2. Instalação experimental no laboratório

O teste de germinação em laboratório baseia-se numa montagem constituída por dois blocos, um contendo sementes que foram submetidas a um pré-tratamento (tratamento com ácido ou água) e o outro contendo sementes de controlo, ou seja, sementes que não foram pré-tratadas (figura 17).

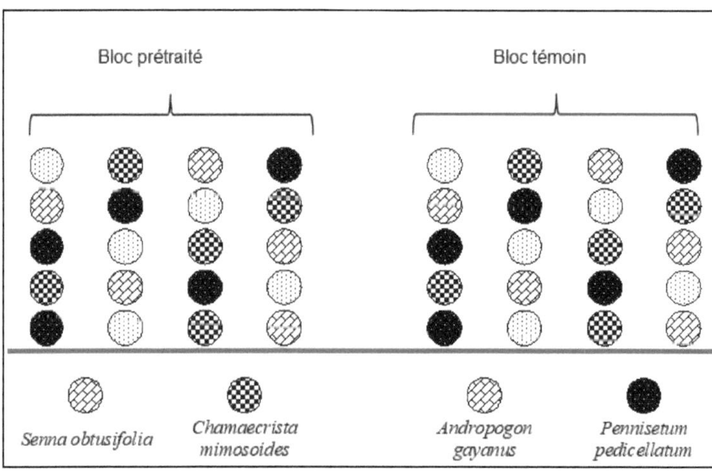

Figura 17Montagem experimental para o teste de germinação no laboratório

4.2.3. Pré-tratamento das sementes

Estes pré-tratamentos ajudam a reduzir o tempo de germinação, quebrando rapidamente a dormência das sementes. Isto também ajuda a atingir a elevada taxa de germinação necessária para o ensaio de competição.

24O primeiro bloco de sementes foi pré-tratado, ou seja, tratado com ácido sulfúrico concentrado a 96% (H SO) e água, e o segundo bloco com sementes de controlo. Os pré-tratamentos diferiram consoante o tipo de semente. $_{24}$De acordo com o catálogo de sementes florestais do CNSF (2012-2015), o pré-tratamento com ácido sulfúrico concentrado a 96% (H SO) é recomendado para sementes de *S. obtusifolia* e *Chamaecrista mimosoides*. Para as sementes de Andropogon *gayanus* e *Pennisetum pedicellatum*, o pré-tratamento com água é adequado. $_{24}$O pré-tratamento com ácido sulfúrico concentrado consistiu na imersão das sementes de *S. obtusifolia* e *de C. mimosoides* durante 5 e 3 minutos, respetivamente, numa solução a 96% de ácido sulfúrico concentrado (H SO). O pré-tratamento com água consistiu numa imersão em água durante 24 horas. Em cada bloco, cada lote de 25 sementes foi repetido 5 vezes.

4.2.4. Germinação

As sementes não tratadas (controlo) e tratadas de cada espécie foram germinadas 24 horas após o pré-tratamento em placas de Petri com 5 réplicas por tratamento, a uma taxa de 25 sementes por placa à temperatura ambiente. O substrato utilizado foi areia esterilizada a 150°C durante uma hora e as plântulas foram regadas de 2 em 2 dias com um regador. A duração do teste foi fixada no período de germinação, que durou de 8 a 16 dias após a sementeira, durante o qual não se observou praticamente nenhuma germinação.

4.3. Ensaio em estufa

As sementes foram germinadas no laboratório, a fim de confirmar a qualidade das sementes através do seu teor de água. Os pré-tratamentos também ajudariam a melhorar as taxas de germinação de cada espécie e a orientar o ensaio de germinação na estufa.

4.3.1. Preparação de substratos de cultura

O substrato utilizado consistiu numa mistura de solo argiloso, areia e estrume numa proporção de 3:2:1, ou seja, três (03) carrinhos de mão de solo superficial, dois (02) carrinhos de mão de areia e um (01) carrinho de mão de estrume. Esta mistura foi esterilizada e distribuída em bacias de plástico (diâmetro superior: 50 cm, diâmetro inferior: 30 cm e profundidade: 25 cm) ou vasos, numa proporção de 30 kg de substrato por bacia.

4.3.2. Instalação experimental numa estufa

A montagem experimental utilizada foi uma parcela dividida, composta por quatro blocos e dois tratamentos (regime hídrico e associação de espécies). As plântulas foram semeadas a 22 de junho de 2019 nos vários vasos. Em cada vaso, foram semeadas 25 sementes de cada espécie. Em função das combinações, o número de sementes por vaso foi de 25 sementes para os vasos de controlo, ou seja, uma única espécie, e de 50 sementes por vaso para as combinações de duas espécies. Cada bloco foi regado com uma quantidade de água determinada a partir da capacidade de campo. Cada bloco continha 25 vasos de espécies em monocultura e em policultura (combinação de duas espécies em densidades diferentes). Cada vaso foi repetido cinco vezes, a fim de minimizar os erros experimentais (Figura 18). As espécies foram plantadas em associação ou não em cada vaso, incluindo :

- Um controlo é representado por uma única espécie *(S. obtusifolia* ou *C. mimosoides ou A. gayanus* ou *P. pedicellatum*).
- Uma associação de duas espécies: *S. obtusifolia* e outra espécie (*S. obtusifolia + C. mimosoides*; *S. obtusifolia + A. gayanus*; *S. obtusifolia + P. pedicellatum*).

Nesta experiência, as proporções de cada espécie em monocultura variaram de um vaso para outro, oscilando entre 3; 6; 9 e 12 espécies, por um lado. Por outro lado, *S. obtusifolia* foi cultivada em associação com cada uma destas três espécies: *A. gayanus, C. mimosoides* e *P. pedicellatum.* As proporções para cada combinação foram 12:0, 9:3, 6:6, 3:9 e 0:12, como mostra a Figura 19. Foi considerado um total de 25 vasos, ou seja, 16 vasos em monocultura e 9 vasos em cultura mista. Cada vaso foi repetido cinco vezes, perfazendo um total de 80 vasos em monocultura e 45 vasos em cultura mista, ou seja, 125 vasos por bloco.

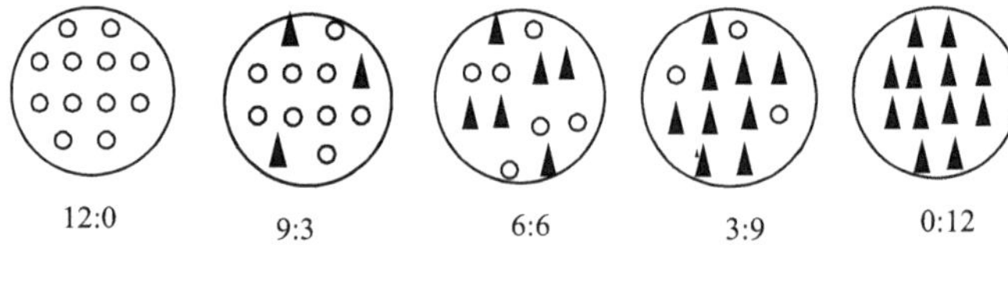

Figura 18Diagrama esquemático do modelo da série de substituição (O círculo representa *Senna obtusifolia* e ▲ triângulo representa uma das outras 3 espécies).

Legenda:

Monocultura

S. obtusifolia (3 indivíduos) ; *S. obtusifolia* (6 indivíduos) ; *S. obtusifolia* (9 indivíduos)
S. obtusifolia (12 indivíduos) ; *C. mimosoides* (3 indivíduos) ; *C. mimosoides* (6 indivíduos)
C. mimosoides (9 indivíduos) ; *C. mimosoides* (12 indivíduos) ; *A. gayanus* (3 indivíduos) ; *A. gayanus* (6 indivíduos) ; *A. gayanus* (9 indivíduos) *A. gayanus* (12 indivíduos)
P. pedicellatum (3 indivíduos); *P. pedicellatum* (6 indivíduos); *P. pedicellatum* (9 indivíduos)
P. pedicellatum (12 indivíduos)

Associação de espécies

Associação de *S. obtusifolia* + *C. mimosoides* (3 :9) ; Associação de *S. obtusifolia* + *C. mimosoides* (6 :6) ; Associação de *S. obtusifolia* + *C. mimosoides* (9 :3) ; Associação de *S. obtusifolia* + *A. gayanus* (3 :9) ; Associação de *S. obtusifolia* + *A. gayanus* (6 :6) ; Associação de *S. obtusifolia* + P. pedicellatum (9 :3) *gayanus* (6 :6); Associação de *S. obtusifolia* + *A. gayanus* (9 :3); Associação de *S. obtusifolia* + *P. pedicellatum* (3 :9); Associação de *S. obtusifolia* + *P. pedicellatum* (6 :6); Associação de *S. obtusifolia* + *P. pedicellatum* (9 :3).

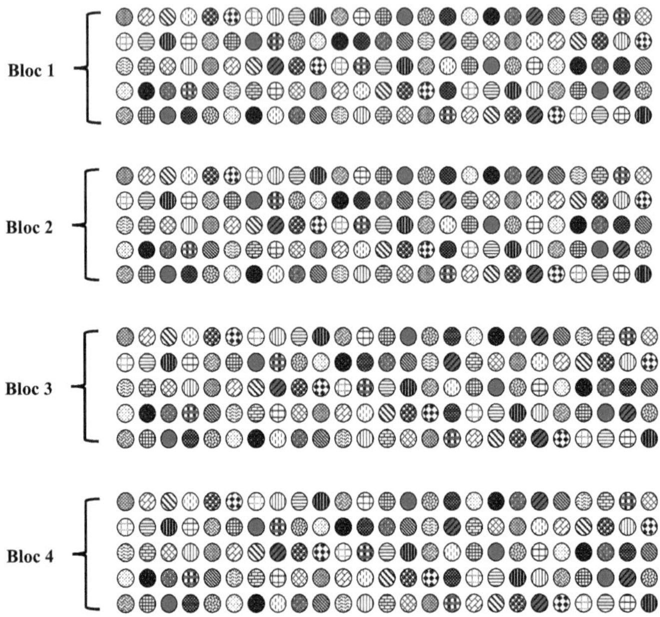

Figura 19Diagrama da instalação experimental da estufa

Legenda: CAC: Capacidade de Campo. Bloco 1: Bloco de controlo com 100% CAC; Bloco 2: Planta sujeita a stress a 75% CAC; Bloco 3: Planta sujeita a stress a 50% CAC; Bloco 4: Planta sujeita a stress a 25% CAC. Cada figura circular corresponde a uma espécie em monocultura ou a duas espécies associadas com proporções diferentes.

4.4 Modelo de concorrência aplicado

Entre os métodos para estudar as relações de competição entre plantas, as experiências de séries de substituição têm sido amplamente utilizadas por vários autores (De Wit ,1960; Cousens & O'Neill, 1993; Kumar *et al.*, 2017; Synowiec *et al.*, 2021; Wenda-Piesik *et al.*, 2022) onde uma espécie substitui gradualmente outra numa associação de espécies a uma densidade global constante (neste estudo, a densidade global constante foi de 12 indivíduos). Este método permite compreender o processo de competição entre plantas, em particular a sua aplicação inclui o aspeto das interações inter e intra-específicas entre plantas selvagens (Solbrig *et al.*, 1988; Savić *et al.*, 2021). Portanto, a competição pode ser intraespecífica quando ocorre entre indivíduos da mesma espécie ou interespecífica quando ocorre entre indivíduos de duas ou mais espécies diferentes (Yang *et al.*, 2019). Para isso, este método teve como objetivo elucidar como uma espécie em uma associação de espécies afeta o desempenho de outra, ou seja, como *S. obtusifolia* responde em termos de produção de biomassa ao competir com A. *gayanus,* C. *mimosoides* e P. *pedicellatum.*

4.5. Determinação da quantidade de água de rega

Para determinar a quantidade de água de irrigação, foi determinada a capacidade de campo (CAC) do solo. Esta corresponde à massa de água que permanece no solo após uma drenagem rápida durante 1 a 2 dias. É expressa em percentagem do peso seco do solo. Ao sair da autoclave, o substrato foi pesado (peso seco) antes de ser regado abundantemente. O substrato foi então deixado em repouso durante 2 dias para permitir a infiltração da água antes de ser novamente pesado (peso húmido). A capacidade de campo é obtida através da seguinte fórmula:

$$CAC = \frac{X-Y}{Y} \text{ x } 100$$

$$CAC = \frac{30{,}0354kg - 30kg}{30\text{kg}} x100 = 0{,}118$$

O volume de água para 100% CAC é : $VE = \text{VS x } 100\% \text{ CAC}$

$$VE = 30L \; x \; 0{,}118 = 3{,}54L$$

NB: VE: Volume de água, VS: Volume de solo, CAC: Capacidade de campo, X: peso do solo húmido = 30,0354 kg, Y: peso do solo seco = 30 kg

4.5.1. Regime hídrico aplicado

Quatro (04) blocos, cada um dos quais foi regado com um regime hídrico diferente. O stress hídrico não foi aplicado durante o período de germinação, mas sim durante a fase de crescimento. Durante a fase de germinação, a quantidade de água aplicada foi de 2,65 L, correspondendo a 75% CAC para todos os blocos. Durante a fase de crescimento, quando foi aplicado o regime de stress hídrico, as plantas foram regadas de dois em dois dias com uma quantidade de água determinada em função do nível de stress. Esta quantidade de água ou volume de água (VE) variou progressivamente de um bloco para o outro. CAC é a capacidade de campo e X é a parte correspondente ao nível de stress hídrico aplicado. Esta parcela varia progressivamente em 25%, 50%,

75% e 100%. Assim, 100% CAC é o regime de controlo e os outros três são considerados regimes de stress em função da quantidade de água de irrigação. Os blocos foram colocados numa estufa coberta com plástico para evitar a infiltração da água da chuva. A aplicação do stress hídrico no final da germinação consistiu em regar regularmente todas as plantas de dois em dois dias nos diferentes blocos até ao final da experiência.

4.6. Medição da altura e da biomassa

Para caraterizar os efeitos do regime hídrico e da competição nas plantas, foram determinadas a altura e a biomassa acima do solo de cada espécie vegetal (Anexo 5). Em geral, a biomassa e a altura das plantas são utilizadas para fornecer informações sobre o tamanho e a agressividade de uma espécie em relação às suas congéneres, a fim de determinar a sua capacidade competitiva (Radosevich, 1987). A altura (cm) de cada espécie foi medida com uma fita métrica. Devido à dificuldade de separar com exatidão as raízes das plantas individuais em cada vaso para análise, e particularmente no caso das gramíneas perenes, só foi examinada a biomassa acima do solo (Meekins & McCarthy, 1999; Bolinder *et al.,* 2002). A biomassa seca acima do solo das plantas foi determinada após secagem numa estufa a 65°C durante 72 horas, utilizando uma balança de precisão (0,01g). Estes parâmetros foram utilizados para avaliar o nível de adaptação das plantas ao stress hídrico (Kagambèga *et al.*, 2019).

4.7. Medição da germinação

O número de sementes germinadas nos vasos foi contado de dois em dois dias durante 16 dias (apêndice 4). Uma semente é considerada germinada quando a sua radícula é visível depois de perfurar o revestimento da semente.

A taxa de germinação é expressa como o número de sementes germinadas em relação ao número total de sementes inicialmente germinadas, utilizando a seguinte relação:

$$\text{Taux de germination (\%)} = \frac{\text{Nombre de graines germées}}{\text{Nombre total de graines}} \text{x100}$$

A taxa de germinação representa a percentagem de sementes germinadas no final do ensaio.

O tempo médio de germinação corresponde ao tempo em que 50% das sementes germinaram. A fórmula utilizada para calcular este parâmetro é a seguinte:

$$\text{Temps moy. germ (jour)} = \frac{N1t1 + N2t2 + \cdots + Nntn}{\Sigma Ni}$$

N1=número de sementes germinadas entre t0 (dia da sementeira) e t1 (2 DAS), N2=número de sementes germinadas entre t1e t2.

4.8. Índice de sensibilidade

Para caraterizar e comparar os graus de tolerância das diferentes espécies ao défice hídrico, o índice de sensibilidade ao stress (SSI) foi calculado no final da experiência de acordo com os diferentes regimes. Neste estudo, o índice de sensibilidade ao stress desenvolvido por Fischer & Maurer (1978) já foi utilizado por outros autores (Nana *et al.,* 2009; Kagambèga *et al.*, 2019). Este índice foi determinado a partir da altura da espécie usando a fórmula abaixo:

$$\text{ISS}(\%) = \frac{\text{H1} - \text{H2}}{\text{H1}} \text{x100}$$

Com H1, os valores de altura das plantas de controlo e H2, os valores de altura das plantas sujeitas a stress. Os índices de sensibilidade ao stress baseados na altura das plantas (ISS-H) foram determinados para cada espécie sob os diferentes regimes. A espécie com o valor de sensibilidade mais elevado é a mais sensível.

4.9 Índice de concorrência

O índice de agressividade (A) é uma medida da intensidade da competição (Willey & Rao, 1980). É utilizado no caso de associações entre duas espécies (Weigelt & Jolliffe, 2003) e é calculado utilizando o peso da biomassa seca média acima do solo por espécie em cada vaso a partir das seguintes fórmulas:

$\text{RrA} = \frac{\text{MA}}{\text{PA}}$ e $RrB = \frac{\text{MB}}{\text{PB}}$ (De Wit & Van den Bergh, 1965),

Onde RrA é a biomassa relativa da espécie A que expressa a relação entre a biomassa média da espécie A (MA) quando cultivada em associação com a espécie B e a sua biomassa média (PA) quando cultivada em monocultura.

RrB é a biomassa relativa da espécie B, que expressa a relação entre a biomassa média da espécie B (MB) quando cultivada em associação com a espécie A e a sua biomassa média (PB) quando cultivada em monocultura.

No presente estudo, A representa *S. obtusifolia* e B cada uma das outras 3 espécies-alvo.

O índice de agressividade pode ser calculado através do Rr (McGilchrist & Trenbath, 1971; Roush & Radosevich, 1985). É obtido através da seguinte fórmula:

$$_{AAB}A = \frac{1}{2} (Rr - Rr)$$

$$_{BBA}A = \frac{1}{2} (Rr - Rr)$$

$_{AB}$Onde, A é o índice de agressividade de A e A é o índice de agressividade de B. Um valor de agressividade de zero indica que as plantas em associação são todas competitivas (Connolly *et al.,* 2001). Quando duas espécies são cultivadas em associação num vaso, presume-se que a espécie com o valor de agressividade mais elevado é a mais agressiva e, portanto, a mais competitiva, enquanto a espécie menos competitiva é a que tem um valor de agressividade negativo (Meekins & McCarthy, 1999).

4.10. Análise dos dados

Os dados obtidos a partir dos parâmetros medidos (altura e biomassa) foram submetidos a uma análise de variância de um fator (Anova) a fim de determinar as respostas das espécies aos regimes hídricos. A análise de variância ao nível de 5% foi aplicada para comparar a taxa de germinação das sementes pré-tratadas e do controlo por espécie, bem como o tempo médio de germinação das sementes das quatro espécies. O teste de correlação de Pearson foi utilizado para testar a correlação entre a biomassa e a altura de *S. obtusifolia*. A análise de variância (Anova) ao nível de 5% revelou uma diferença significativa entre os índices de sensibilidade, pelo que foi utilizado o teste HSD (Honestly Significant Difference) de Tukey ao nível de 5% para separar as médias. O valor da agressividade de cada espécie nas culturas mistas foi comparado com o valor zero utilizando o teste t de Student (P=0,05). Todas as análises foram efectuadas utilizando o software R versão 4.1.0 (R Core Team 2021).

5. Resultados

5.1. Efeito do pré-tratamento na taxa de germinação de sementes em laboratório

De um modo geral, as sementes que foram submetidas a um pré-tratamento tiveram uma taxa de germinação superior às que não foram pré-tratadas. O pré-tratamento das sementes proporcionou as melhores taxas de germinação, com uma diferença significativa para as espécies *S. obtusifolia* e *C. mimosoides*. As taxas para as sementes pré-tratadas e de controlo foram de 95,2% e 31,2%, respetivamente, para *S. obtusifolia,* 71,2% e 12% para *C. mimosoides*, 38,4% e 33,6% para *P. pedicellatum* e 34% e 22,4% para *A. gayanus* (Figura 20).

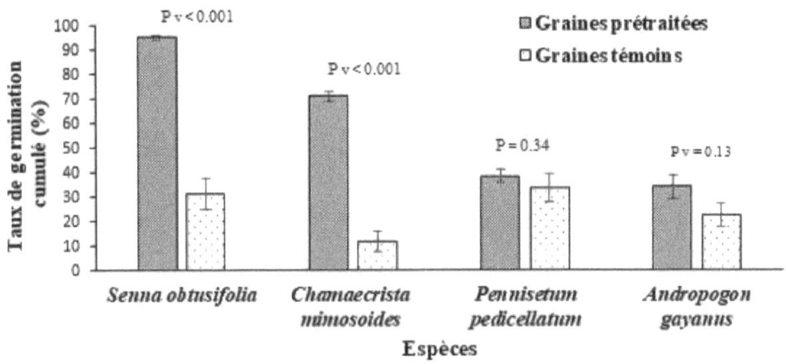

Figura 20Taxa de germinação acumulada (%) de sementes pré-tratadas e não tratadas de *Senna obtusifolia, Chamaecrista mimosoides, Andropogon gayanus* e *Pennisetum pedicellatum.*

Os valores de p ao nível de significância de 0,05 são apresentados diretamente para a comparação de sementes pré-tratadas e de controlo de cada espécie. As barras de erro são erros padrão.

5.2. Cinética de germinação das sementes das quatro espécies em estufa

èmeAs curvas de germinação mostram um aumento na taxa de germinação das sementes de *S. obtusifolia e C. mimosoides*, atingindo taxas máximas aos 8 dias após a sementeira (*S. obtusifolia:* 58% e *C. mimosoides:* 68,33%). ème A germinação *de A. gayanus e P. pedicellatum* evoluiu até atingir um pico aos 10 dias após a sementeira, com taxas de germinação de 34% e 20%, respetivamente. As curvas de cinética de germinação apresentam três fases: primeiro uma fase latente, depois uma fase de aceleração exponencial e finalmente um patamar que corresponde a uma paragem na germinação depois de atingida a capacidade máxima de germinação (Figura 21). Os resultados mostram que durante o período do teste de germinação, *C. mimosoides* apresentou as maiores taxas de germinação, com um acumulado de 68,33%, seguido por *S. obtusifolia* (58,66%), *A. gayanus* (34%) e *P. pedicellatum* (20%). 24As sementes que apresentaram maior velocidade de germinação foram aquelas que foram pré-tratadas com ácido sulfúrico concentrado a 96% (H SO). Quanto às sementes de *A. gayanus e P. pedicellatum*, o tratamento com água por 24 horas apresentou baixas taxas de germinação.

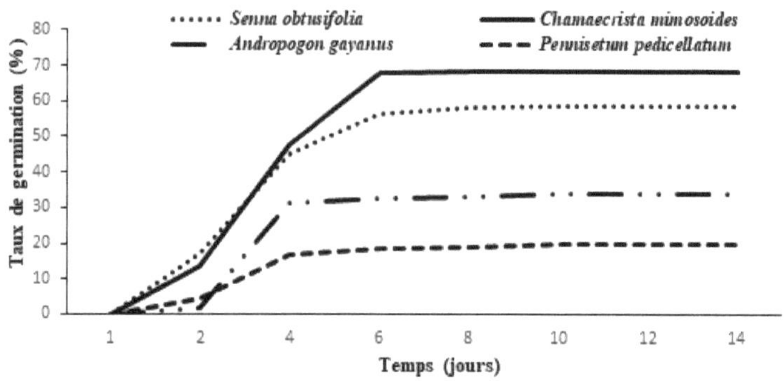

Figura 21Cinética de germinação de sementes de *Senna obtusifolia, Chamaecrita mimosoides, Andropogon gayanus* e *Pennisetum pedicellatum.*

5.3. Taxa e tempo médio de germinação de sementes em estufas

As taxas de germinação acumuladas e o tempo médio de germinação das sementes pré-tratadas das espécies estudadas durante 14 dias de teste mostraram variabilidade dependendo da espécie. A análise de variância ao nível de 5% pelo teste de Newman-Keuls mostrou uma diferença muito significativa ($p<0,0001$) entre as taxas de germinação acumuladas das diferentes espécies. Comparando as taxas de germinação acumuladas das quatro (04) plantas herbáceas em condições de água sem stress, os resultados mostram que *C. mimosoides* tem a taxa de germinação mais elevada (68,33%), seguida de *S. obtusifolia* (58,66), *A. gayanus* (34%*) e P. pedicellatum*, que tem uma taxa de germinação de 20% (Figura 22).

O tempo médio de germinação, que corresponde ao momento em que 50% das sementes germinaram, não apresentou diferença significativa ($p=0,51$) de acordo com a análise de variância ao nível de 5%. Este tempo variou inversamente com a taxa de germinação. As taxas de germinação mais elevadas foram observadas com os tempos de germinação mais curtos. As observações mostraram que o tempo médio mais elevado foi observado respetivamente em *C. mimosoides*, que levou 4,27 dias para ver germinar 50% das suas sementes. *A. gayanus* leva 4,18 dias para ter 50% das suas sementes germinadas e P. *pedicellatum* regista 4,20 dias para ter 50% das suas sementes germinadas. Comparando os tempos médios de germinação das sementes pré-tratadas das quatro plantas herbáceas, *S. obtusifolia* é a espécie que germina mais rapidamente em função do tempo: 4,01 dias para 50% das sementes.

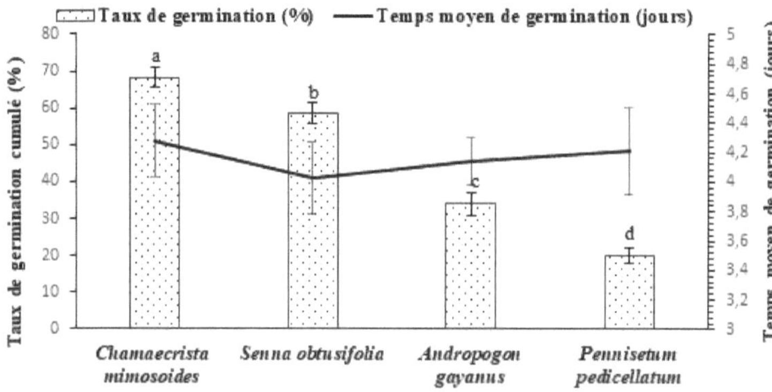

Figura 22Tempo médio e taxa de germinação acumulada de sementes de *Senna obtusifolia*, *Chamaecrista mimosoides*, *Andropogon gayanus* e *Pennisetum pedicellatum*.

Os valores são médias e os valores com as mesmas letras não são significativamente diferentes ao nível de 5% utilizando o teste de Newman-Keuls. As barras de erro são erros padrão.

5.4. Efeitos do défice hídrico na biomassa e na altura das espécies

O défice hídrico reduziu significativamente o crescimento vegetativo das quatro espécies herbáceas. De facto, os valores de altura e de biomassa foram negativamente afectados pelo stress na seguinte ordem: controlo (100% da capacidade de campo, ou seja 100% CAC); stress hídrico muito moderado (75% CAC); stress hídrico moderado (50% CAC) e stress hídrico severo (25% CAC) para todas as espécies (Figuras 23 e 24). Os vasos no bloco de controlo tinham as plantas maiores, que diminuíram gradualmente até chegarem aos blocos com stress hídrico severo. Uma tendência semelhante foi observada para a biomassa acima do solo e a altura (Figuras 23 e 24), indicando uma correlação positiva (r=0,69) entre estes dois parâmetros.

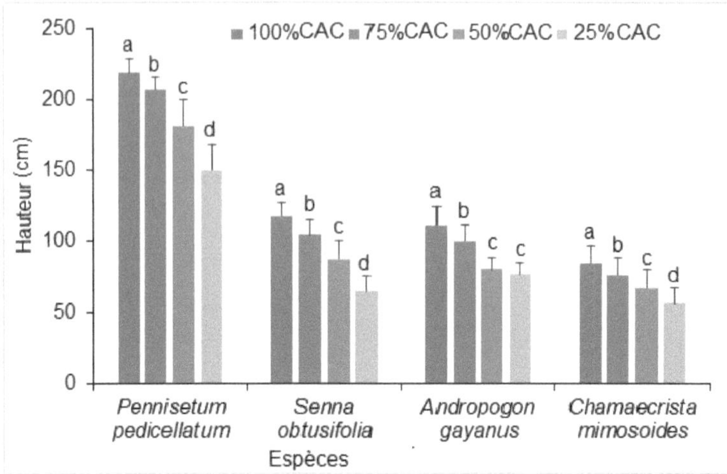

Figura 23Histograma de variação da altura das espécies em função do regime hídrico

As letras a. b. c. d nos gráficos de barras indicam uma diferença significativa ($p<0,05$).

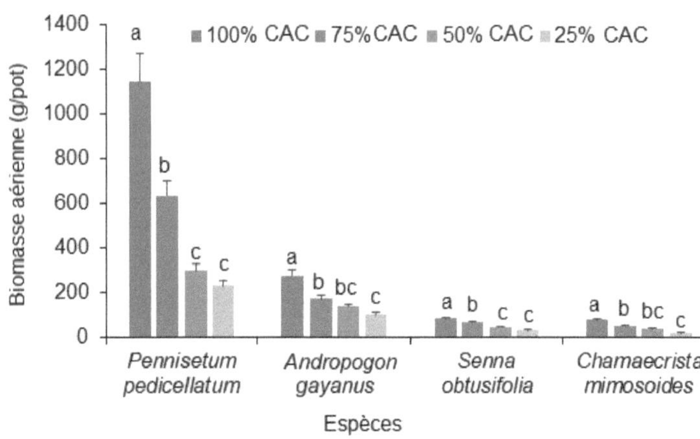

Figura 24Histograma de variação da biomassa das espécies em função do regime hídrico

Relativamente à altura da planta, o índice de sensibilidade ao stress (SSI_H) aumentou progressivamente do regime hídrico de 100% CAC para o regime hídrico mais baixo de 25% CAC (Figura 25). Foi observada uma variabilidade significativa no índice de sensibilidade ao stress (SSI-H) para cada espécie sob diferentes regimes (Figura 25). No entanto, o índice de sensibilidade ao stress não variou significativamente entre espécies nos regimes de 75% CAC e 50% CAC. Por outro lado, na dieta de 25% CAC houve uma variação muito significativa no índice SSI-H (dl = 3; F =26,72 e $p < 0,05$). Com o maior índice de sensibilidade, *S. obtusifolia* foi a espécie mais sensível ao défice hídrico, em comparação com as outras três espécies: *C. mimosoides*, *P. pedicellatum* e *A. gayanus* (Figura 26).

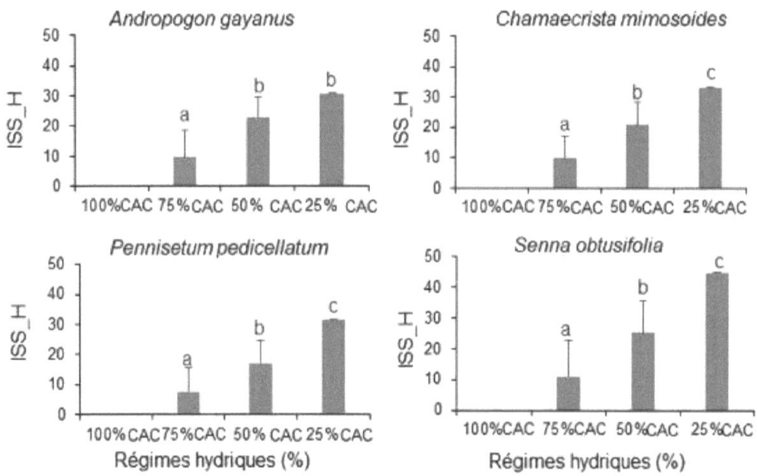

Figura 25Variações no índice de sensibilidade das espécies aos regimes de stress hídrico

As letras indicam uma diferença significativa ao nível de 5% de acordo com o teste HSD de Tukey; as barras de erro representam o desvio padrão; ISS-H: índice de sensibilidade ao stress baseado na altura da planta.

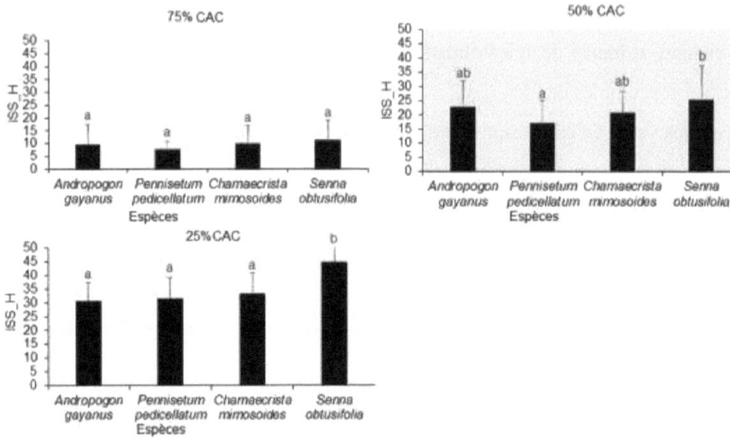

Figura 26Índices de sensibilidade às tensões (ISS_H)

Os valores utilizados são médias e as letras indicam uma diferença significativa ao nível de 5%, de acordo com o teste Tukey HSD; as barras são desvios-padrão.

5.5. Efeitos da competição em condições aquáticas

5.5.1. Produção de biomassa

A biomassa seca acima do solo de *S. obtusifolia* em todos os diferentes regimes hídricos foi reduzida quando *S. obtusifolia* estava em associação com *A. gayanus* ou *P. pedicellatum* em comparação com a sua biomassa em monocultura (Quadro 24). Por outro lado, a biomassa não foi afetada pela associação com *C. mimosoides*. No entanto, para o regime hídrico mais baixo (25% CAC), a biomassa de *S. obtusifolia* em monocultura diferiu significativamente da sua biomassa em cultura mista com *C. mimosoides*. A biomassa de *A. gayanus* e *P. pedicellatum* em monocultura não foi significativamente diferente (P> 0,05) da sua biomassa em cultura mista com *S. obtusifolia* em todos os regimes hídricos (Quadro 24). Por outro lado, a biomassa de *C. mimosoides* em monocultura sob stress hídrico severo (regimes de 25% CAC) foi significativamente diferente da sua biomassa em cultura mista com *S. obtusifolia*.

Mesa 24Biomassa seca acima do solo (g) das espécies vegetais em monocultura e em cultura mista sob diferentes regimes hídricos

	Monocultura		Associação cultural			
Regime hídrico	Espécies	Média± E	Espécies	Média ± E	F	P
	S. obtusifolia	90,98 ± 35,97	SA	59,97 ± 2,10	-2,77	0,037 *
			SC	86,97 ± 28,23	-0,36	0,984 ns
			S P	60,17 ± 29,41	-2,75	0,039 *
Indicador	*A. gayanus*	385,57 ± 108,85	AS	376,21 ± 103,88	0,06	0,81ns
	C. mimosoides	93,77 ± 36,71	CS	53,97 ± 28,77	10,92	0,002 ***
	P, pedicellatum	1490,83±688,03	PS	1476,42 ± 68,55	0,003	0,950 ns
	S. obtusifolia	74,54 ± 32,25	SA	43,06 ± 21,21	-3,28	0,001 ***
			SC	68,55 ± 28,98	-0,62	0,924 ns
			SP	41,66 ± 20,78	-3,42	0,001 *
Défice hídrico muito moderado	*A, gayanus*	237,94 ± 93,96	AS	226,39 ± 81,47	0,13	0,72ns
	C, mimosoides	64,71 ± 22,74	CS	32,73 ± 14,91	20,75	0,001 ***
	P, pedicellatum	830,75 ± 377,76	PS	818,33 ± 382,69	0,008	0,93ns
	S, obtusifolia	47,82 ± 23,34	SA	27,83 ± 15,09	-3,29	0,001 ***
			SC	43,94 ± 13,72	-0,64	0,91ns
			SP	24,96 ± 12,03	-3,77	0,002 ***
Défice hídrico moderado	*A, gayanus*	187,05 ± 66,30	AS	177,85 ± 54,96	0,17	0,68ns

	Monocultura		Associação cultural			
Regime hídrico	Espécies	Média± E	Espécies	Média ± E	F	P
	C, mimosoides	47,97 ± 15,21	CS	25,01 ± 13,43	19,19	0,001 ***
	P, pedicellatum	342,63 ± 130,87	PS	330,98 ± 128,90	0,06	0,80ns
			SA	17,21 ± 5,60	-4,90	0,001 ***
	S, obtusifolia	38,86 ± 19,92	SC	22,25 ± 6,03	-3,75	0,002 ***
			SP	14,66 ± 11,02	-5,47	0,001 ***
Défice hídrico muito grave	*A, gayanus*	147,10 ± 43,18	AS	131,00 ± 23,38	1,61	0,21
	C, mimosoides	25,27 ± 3,33	CS	13,66 ± 3,18	95,14	0,001 *
	P, pedicellatum	290,05 ± 115,70	PS	286,11 ± 115,81	0,009	0,92ns

Os valores utilizados são médias e (*) indicam significância ao nível de 5% de acordo com o teste Tukey HSD. *** Altamente significativo; ns não significativo. S: Desvio padrão

Legenda: SA: *Senna obtusifolia* em associação com *Andropogon gayanus*; SC: *Senna obtusifolia* em associação com *Chamaecrista mimosoides*; SP: *Senna obtusifolia* em associação com *Pennisetum pedicelatum*; AS: *Andropogon gayanus* em associação com *Senna obtusifolia*; CS: *Chamaecrista mimosoides* em associação com *Senna obtusifolia*; PS: *Pennisetum pedicellatum* em associação com *Senna obtusifolia*.

5.6. Intensidade da concorrência

O valor do índice de agressividade (A) diferiu significativamente entre espécies e proporções da combinação de espécies, mas não para o regime (Quadro 25). *S. obtusifolia* teve um valor de agressividade positivo enquanto *C. mimosoides* teve uma agressividade negativa em todas as proporções em quase todos os regimes hídricos. Por outro lado, quando *S. obtusifolia* foi cultivada em mistura com *A. gayanus* ou em mistura com *P. pedicellatum*, o valor do índice de agressividade para *S. obtusifolia* foi negativo, enquanto os valores para *A. gayanus* e *P. pedicellatum* foram positivos (Quadro 25). O regime hídrico, as espécies, as proporções de espécies e as interações afectaram significativamente a agressividade (A), mas não foram afectados pela sua interação (Quadro 25).

Mesa 25Valor médio do índice de agressividade (Moy) por planta (A) ± desvio padrão (E) para *Senna obtusifolia* e as três espécies-alvo: *Chamaecrista mimosoides*, *Andropogon gayanus* e *Pennisetum pedicellatum.*

Regimes hídricos	Proporções	Média ± E *S.obtusifolia* x *C. mimosoides*	Média ± E *S.obtusifolia* x *A. gayanus*	Média ± E *S.obtusifolia* x *P. pedicellatum*
Indicador	75 :25	0,25 ± 0,06*	-0,09 ± 0,02*	-0,12 ± 0,04*
	50 :50	0,1 ± 0,09	-0,21 ± 0,03*	-0,15 ± 0,03*
	25 :75	0,31 ± 0,11*	-0,16 ± 0,09*	-0,25 ± 0,04*
Média		0,22 ± 0,08	-0,15 ± 0,05	-0,17 ± 0,04
Défice hídrico muito moderado	75 :25	0,22 ± 0,04*	-0,17 ± 0,04*	-0,19 ± 0,3
	50 :50	0,17 ± 0,09*	-0,21 ± 0,05*	-0,18 ± 0,3*
	25 :75	0,25 ± 0,10*	-0,2 ± 0,04*	-0,29± 0,3
média		0,21 ± 0,07	-0,19 ± 0,04	-0,22 ± 0,3
Défice hídrico moderado	75 :25	0,2 ± 0,06*	-0,18 ± 0,03*	-0,2 ± 0,04
	50 :50	0,19 ± 0,25	-0,2 ± 0,05*	-0,21 ± 0,03*
	25 :75	0,36 ± 0,17*	-0,2 ± 0,03*	-0,23 ± 0,03
Média		0,25 ± 0,09	-0,19 ± 0,04	-0,13 ± 0,03
Défice hídrico grave	75 :25	0,01 ± 0,01	-0,31 ± 0,01*	-0,26 ± 0,03*
	50 :50	-0,01 ± 0,07	-0,16 ± 0,09*	-0,34 ± 0,04*
	25 :75	0,18 ± 0,06*	-0,16 ± 0,05*	-0,34 ± 0,05*
Média		0,18 ± 0,09	-0,21 ± 0,05	-0,31 ± 0,04

Nota. A proporção é a relação entre a percentagem de plantas *de S. obtusifolia* e a da espécie-alvo num vaso.

A: O teste T é considerado significativo (*) quando difere ($p \leq 0,05$) de 0

6. Discussão

6.1. Efeito do pré-tratamento na germinação de sementes de espécies em laboratório

O pré-tratamento resultou numa elevada taxa de germinação para cada uma das quatro espécies num curto espaço de tempo. Obteve-se assim o número de plantas de cada espécie necessário para cada vaso e para a competição. O pré-tratamento das sementes consistiu em levantar a inibição tegumentar das sementes pré-tratadas (Gomgnimbou *et al.,* 2019). Assim, as sementes de *S. obtusifolia* foram as que germinaram mais, seguidas das sementes *de C. mimosoides*. O pré-tratamento deu uma taxa de germinação de 95,2% para as sementes de *S. obtusifolia.* Estas taxas são mais elevadas do que as encontradas por Norsworthy *et al* (2006) e Thiombiano (2008), que foram de 78% e 54%, respetivamente. Estes autores também utilizaram ácido sulfúrico por 5 min para pré-tratar as sementes de *S. obtusifolia.* A diferença nas taxas de germinação entre sementes pré-tratadas e não tratadas mostra que as sementes estão fisicamente dormentes, provavelmente devido à dureza do revestimento das sementes. De facto, o pré-tratamento das sementes permitiu levantar a dormência das sementes e favoreceu um amolecimento do invólucro da semente, resultando numa rápida absorção de água e acesso de ar ao embrião. Esta hipótese confirma a de Mbaye (2002).

6.2. Germinação e taxa de germinação das sementes das quatro espécies em estufa

Os resultados mostraram que a taxa de germinação de *S. obtusifolia* foi inferior à de *C. mimosoides.* No entanto, foi ainda superior a 50% (58,66%) e foi colocada na categoria "satisfatória" (50-60%) de acordo com o catálogo do Centre National de Semences Forestières. A elevada taxa de germinação das sementes de *C. mimosoides* poderia ser explicada pelo aspeto genético ligado à natureza intrínseca da espécie. Mesmo sem tratamento, a própria espécie tem uma elevada taxa de germinação de 80% em condições normais, de acordo com Bargali *et al* (2016). Por outro lado, a elevada taxa de germinação da espécie pode também dever-se ao efeito do pré-tratamento. De facto, o tratamento com ácido sulfúrico permitiu levantar a dormência e também enfraqueceu o tegumento, permitindo que a radícula de cada uma das quatro espécies emergisse rapidamente. Em termos de velocidade de germinação, *Senna obtusifolia* foi a espécie que registou a maior velocidade de germinação: 4,01 dias para 50% de germinação. Mesmo num ambiente natural, *a S. obtusifolia* germina melhor no início da estação das chuvas e atinge a fase de frutificação a meio da estação das chuvas, o que lhe dá uma vantagem na competição com outras gramíneas nativas por luz, humidade e espaço aberto (Dorning *et al.*, 2006). Também é reconhecido que existem espécies cujas sementes germinam mais rapidamente do que outras quando sujeitas a condições de vida idênticas (Thiombiano, 2008).

6.3. Efeito do stress hídrico na altura das plantas e na biomassa acima do solo

A altura e a biomassa acima do solo das quatro espécies foram negativamente afectadas pelo stress hídrico. Isto pode ser explicado pelo estado juvenil das plantas (plantas com 16 dias) durante a indução do défice hídrico e a duração do stress. A resposta de uma planta ao défice hídrico é complexa e depende do estádio de desenvolvimento da planta, da intensidade do défice, da duração do stress, do genótipo da planta e do estado em que a planta se encontrava no momento do stress (Sawadogo *et al.*, 2006; Aziadekey *et al.*, 2014; Peng *et al.,* 2022). Além disso, quando as plantas são sujeitas a um stress hídrico grave a longo prazo durante a fase de crescimento vegetativo, o stress pode ser suficientemente grave para causar perdas substanciais de biomassa (Wijewardana *et al.*, 2019). As plantas sujeitas a défice hídrico no solo sofreram uma diminuição do desempenho dos seus parâmetros (altura e biomassa) em comparação com as plantas no regime de controlo. Esta redução do crescimento após um défice hídrico é considerada um mecanismo regulador que permite às plantas adaptarem-se às restrições hídricas, reduzindo a superfície de transpiração (Chaves *et al.*, 2002; Yang *et al.*, 2021; Wu *et al.,* 2022).

O índice de sensibilidade (ISS-H) varia significativamente para cada espécie sob diferentes regimes hídricos. As diferenças observadas entre as espécies quanto ao seu grau de sensibilidade ao stress hídrico devem-se às caraterísticas intrínsecas de cada espécie. De facto, as gramíneas são empiricamente consideradas como "tolerantes" à seca (Baruch, 1994; Pardo & Van Buren, 2021). Assim, segundo Buldgen (1997), *A. gayanus* é uma destas gramíneas relativamente mais tolerantes e menos afectadas pela seca devido a um abrandamento do crescimento dos órgãos aéreos a favor do desenvolvimento das raízes.

No regime de stress severo, *S. obtusifolia*, com o índice de sensibilidade mais elevado, foi considerada a espécie mais sensível ao défice hídrico em comparação com *C. mimosoides*. *P. pedicellatum* e *A. gayanus*, respetivamente, apresentaram os índices de sensibilidade mais baixos. Uma planta é tolerante quando é capaz de manter a sua atividade metabólica sob baixos potenciais hídricos (Kagambèga *et al.,* 2019). Deste ponto de vista, as espécies com menor índice de sensibilidade ao stress hídrico, como *A. gayanus*, *P. pedicellatum* e *C. mimosoides*, são as mais tolerantes ao défice hídrico. *A. gayanus* e *P. pedicellatum* são plantas conhecidas pela sua tolerância à seca (Bargali & Bargali, 2016; Issaharou-Matchi *et al.*, 2016). Foi também sugerido que *C. mimosoides* pode suportar um défice hídrico baixo (Bargali & Bargali, 2016). Quanto à S. *obtusifolia*, caracterizada pelo índice de sensibilidade mais elevado, é a menos tolerante ao défice hídrico do solo. Este facto mostra que *a S. obtusifolia* prefere solos bem drenados (DAF, 2016). Isto implica que *a S. obtusifolia* absorve menos água em caso de défice hídrico do que as outras espécies concorrentes. Os nossos resultados corroboram os de Moreshet *et al* (1996) que constataram que, quando *S. obtusifolia* está em associação com *Arachis hypogaea* sob défice hídrico, *Arachis hypogaea* é a que absorve mais água em detrimento de *S. obtusifolia*.

6.4. Efeito da concorrência

6.4.1. Produção de biomassa

A biomassa de *S.* obtusifolia foi significativamente reduzida quando cultivada em associação com *A. gayanus* ou com *P. pedicellatum* em comparação com a sua biomassa em monocultura. No entanto, a biomassa de *S. obtusifolia* não foi influenciada quando cultivada em associação com *C. mimosoides* em comparação com a sua biomassa em monocultura. Por outro lado, a biomassa de *A. gayanus* e a de *P. pedicellatum* não foram afectadas quando cultivadas em associação com *S. obtusifolia* em comparação com a sua biomassa em monocultura. Isto poderia ser explicado pelo facto de *A. gayanus* e *P. pedicellatum* terem uma maior capacidade de absorção de água e sais minerais graças aos seus sistemas radiculares desenvolvidos do que *S. obtusifolia*. A associação de qualquer uma destas duas gramíneas com *S. obtusifolia* no mesmo vaso pode, por conseguinte, impedir o crescimento normal de *S. obtusifolia*. De acordo com Hartvigsen (2000), o crescimento de certas espécies é inibido quando são combinadas. Além disso, a combinação de *S. obtusifolia* e *C. mimosoides* revelou que, nos três regimes de menor stress, a biomassa de *S. obtusifolia* não foi influenciada, enquanto a de *C. mimosoides* diminuiu em comparação com a sua biomassa em monocultura. No entanto, no regime de maior stress, o défice hídrico reduziu significativamente a biomassa de ambas as espécies em associação e, em particular, a biomassa de *S. obtusifolia*. No entanto, reconhece-se que as espécies de plantas invasoras produzem frequentemente mais biomassa do que as suas congéneres em condições de ausência de stress. No entanto, de acordo com Kelso *et al* (2020), algumas espécies invasivas tornam-se menos competitivas em condições de seca.

6.4.2. Intensidade da concorrência

Senna obtusifolia é menos competitiva que *A. gayanus* e *P. pedicellatum*, com exceção de *C. mimosoides*. De facto, o índice de agressividade de *S. obtusifolia* foi negativo e inferior, enquanto o de *A. gayanus* e *P. pedicellatum* foi positivo e superior quando estas espécies estavam em associação em todas as proporções e sob todos os regimes hídricos. *A. gayanus* e *P. pedicellatum* apresentaram os valores mais elevados de agressividade. $_4$Isto pode dever-se à eficiência do seu mecanismo de fotossíntese C e à sua eficiência no uso do azoto e da água. De acordo com Zhang *et al.* (2011), uma espécie com maior capacidade competitiva é geralmente designada por espécie dominante ou competitiva e tem maior capacidade de adquirir recursos e ocupar a maior parte do espaço. *S. obtusifolia* é a espécie menos competitiva, apesar da sua proliferação nas pastagens do Sahel e também do facto de ser indicada como a espécie dominante em estudos anteriores (Randell, 1995; Dorning *et al.*, 2006; Gebrekiros e Tessema, 2018). É frequentemente mencionada como a espécie mais incómoda ou agressiva quando associada à soja (*Glycine max*), ao tabaco (*Nicotiana tabacum*), ao amendoim (*Arachis hypogaea*), ao algodão (*Gossypium hirsutum*) e aos legumes (Buchanan *et al.*, 1980; Monks & Oliver, 1988; Webster & Macdonald, 2001). Tem também a reputação de possuir muitos atributos competitivos, tais como crescimento rápido, enraizamento profundo, acumulação rápida de biomassa e formação de copas densas para reciclar os nutrientes do subsolo e também a sua capacidade de suprimir o crescimento de espécies nativas (Hauser *et al.,* 1975; Holt, 1995). No entanto, experiências em estufa sob stress hídrico revelaram que esta espécie é menos competitiva devido ao seu fraco desempenho. Isto sugere que a sua invasão é favorecida mais por factores externos do que pela sua biologia. Este resultado está de acordo com Chambers *et al* (2014) e Waddell *et al* (2020) que referem que, em geral, a invasão é facilitada por tipos de uso do solo ou actividades de gestão que perturbam a vegetação nativa e favorecem o estabelecimento e a propagação destas espécies invasoras. Esta perturbação pode ser parcialmente devida ao sobrepastoreio (Hobbs & Huenneke, 1992; He *et al.*, 2022).

7. Conclusão parcial

Os resultados do estudo permitiram concluir que a capacidade competitiva preditiva da *S. obtusifolia* não se deve à sua biologia, mas é induzida por outros factores extrínsecos. A primeira hipótese, que estipula que a capacidade competitiva de *S. obtusifolia* se deve às suas caraterísticas biológicas, foi invalidada. Além disso, a atual invasão de *S. obtusifolia* poderia ser parcialmente incentivada pelo sobrepastoreio. Pensa-se também que a seca atual no Sahel teve um efeito negativo na proliferação da *S. obtusifolia*, que foi a espécie mais sensível ao défice hídrico durante as experiências em estufa. A segunda hipótese, que estipula que o défice hídrico é um fator que melhora o desempenho da *S. obtusifolia* em detrimento das suas congéneres, é invalidada. Esta experiência de competição em estufa dá uma ideia do desempenho da *S. obtusifolia* num ambiente natural e dos factores subjacentes à sua invasão. Além disso, a gestão sustentável das pastagens do Sahel ajudaria a reduzir a invasão de *S. obtusifolia* e a fornecer mais forragem ao gado. Um ambiente menos perturbado seria propício à proliferação de *S. obtusifolia*?

CAPÍTULO V: MONITORIZAÇÃO INTERANUAL DO EFEITO DA VEDAÇÃO NA DINÂMICA FLORÍSTICA DE ÁREAS INVADIDAS POR *SENNA OBTUSIFOLIA* (L.) H. S. IRWIN & BARNEBY NA ZONA SAHELIANA

1. Introdução

Na zona do Sahel, onde a criação de gado é a principal atividade económica (Ayantunde *et al.*, 2020), assiste-se infelizmente a uma degradação contínua das pastagens naturais que constituem a base da alimentação do gado extensivo (Aboh *et al.,* 2012). Esta degradação deve-se a uma combinação de factores, incluindo as alterações climáticas e as actividades humanas, que desempenham um papel predominante. Atualmente, as áreas reservadas à pecuária sofrem de falta de gestão eficaz e estão, por isso, cada vez mais degradadas. Esta degradação conduziu a uma redução das forragens, obrigando o gado a sobrepastorear. Consequentemente, as pastagens já não conseguem regenerar-se corretamente e as pastagens cada vez mais degradadas conduziram ao aparecimento de espécies não palatáveis e invasoras (Kiéma *et al.*, 2007). *A S. obtusifolia* é uma das espécies herbáceas de baixo valor forrageiro (Sawadogo, 2011) mais comuns nas pastagens do Sahel. A sua invasão leva, portanto, a uma redução da qualidade da forragem e, por conseguinte, a uma escassez de forragem. No entanto, as observações no terreno mostram que as zonas menos degradadas são menos invadidas por *S. obtusifolia.* Estas zonas tendem a conter uma grande diversidade de flora. É o caso das zonas protegidas que se encontram em algumas localidades do Sahel. Infelizmente, estas zonas estão a tornar-se cada vez mais raras nesta zona saheliana devido à forte pressão humana, nomeadamente a pressão do sobrepastoreio. Por conseguinte, é necessário promover estas áreas protegidas de forma eficaz e sustentável. Nesta perspetiva, foram lançadas numerosas iniciativas de gestão dos recursos naturais, apoiadas por parceiros de desenvolvimento, com o objetivo de melhorar e restaurar os recursos naturais (Kiéma *et al.,* 2012).

Foram formulados os seguintes objectivos para esta atividade:

- Avaliar o efeito da duração da proteção na proliferação de *S. obtusifolia* ;
- Determinar o efeito da duração da proteção no restabelecimento da vegetação herbácea.

Os pressupostos subjacentes a estes objectivos são :

- A duração da proteção não favorece a proliferação de *S. obtusifolia* ;
- A duração da proteção ajuda a restaurar a vegetação.

2. Metodologia

2.1. Área de estudo

O estudo foi efectuado na zona saheliana do Burkina Faso, especificamente na floresta comunal da comuna de Dori, a capital da província de Séno, a 265 km de Ouagadoudou (Figura 27). A floresta comunal foi criada em 2017 num local anteriormente utilizado para pastagem, campos e habitações. O sítio florestal foi vedado com estacas e vedações de arame quando uma parte foi invadida por *S. obtusifolia.* As técnicas de recuperação do solo utilizadas neste sítio foram principalmente meias-luas combinadas com escarificação. Esta floresta está totalmente protegida e cobre uma área de 207,4 ha, 132,42 ha dos quais estão reservados para a produção de forragem a longo prazo (IUCN, 2017). As principais aldeias vizinhas da floresta são Bafélé (Dori sector 8) e Djomga. A vegetação desta floresta é caracterizada por estepe arbustiva em 21,6% da área florestal e estepe herbácea em 78,4% da área florestal. Os solos da floresta comunal são do tipo hidromórfico, iso-húmico, cascalhento, sódico, sesquióxido de ferro (PCD, 2015). Os sistemas de produção da comuna são caracterizados pela coexistência de actividades agro-pastoris (IUCN, 2017). Os Peulh são o grupo sociocultural indígena maioritário (76,6%). Os outros grupos socioculturais são os Bella (14,66%), os Rimaibé (2%), os Sonraï (2%), os Djerma (0,66%), os Gourmatché, os Mossi, os Dagara, os Gourounsi e os Bissa (MEF, 2008).

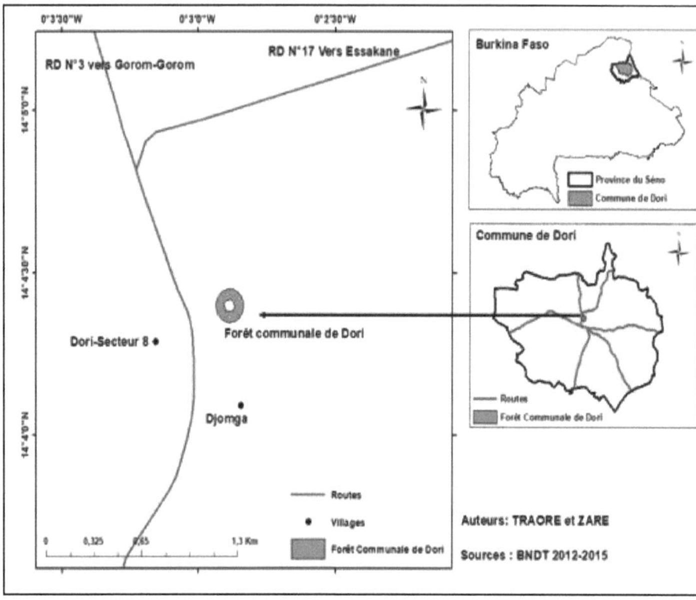

Figura 27Mapa de localização da floresta comunal de Dori

2.2 Recolha de dados

O acompanhamento anual das alterações da densidade e da biomassa (peso) de *S. obtusifolia* e da biomassa de outras espécies herbáceas foi efectuado durante quatro anos consecutivos, de 2017 a 2020, na floresta comunal de Dori. A instalação experimental utilizada para monitorizar a dinâmica de *S. obtusifolia* consistiu em 40 parcelas permanentes, cada uma com uma superfície de 100 m². Estas parcelas foram colocadas em zonas da floresta invadidas por *S. obtusifolia.* Cada parcela foi marcada com quatro estacas de ferro pintadas de branco e as coordenadas GPS de cada parcela foram anotadas para facilitar a identificação. Os níveis de invasão são os mencionados no capítulo III.

2.3 Inventário florístico e recolha de biomassa

O inventário florístico foi efectuado em 40 parcelas permanentes, onde foi elaborada uma lista exaustiva das espécies herbáceas e atribuído um coeficiente de abundância-dominância a cada espécie, utilizando a escala de Braun-Blanquet (1932). O acompanhamento foi efectuado durante quatro anos, de 2017 a 2020. [2]Dentro de cada parcela, três (03) sub-parcelas ou parcelas de 1 m foram instaladas aleatoriamente para estimar a densidade, altura e biomassa das plantas herbáceas, seguido de um corte de biomassa. A altura média e o número total de indivíduos (densidade) de *S. obtusifolia* foram anotados previamente. Em seguida, toda a erva da subparcela foi cortada rente ao solo (Alhassane *et al.*, 2018; Moussa *et al.,* 2018) com uma foice e colocada numa folha de plástico. Por triagem, *a S. obtusifolia* foi separada das outras plantas herbáceas e o peso fresco de cada uma das pilhas foi determinado utilizando uma balança eletrónica de mola, com uma precisão de 50 kg ± 10 g. Utilizando uma balança eletrónica de precisão de 5 kg ± 1 g, foi retirada uma amostra de 100 g de cada pilha. Estas amostras herbáceas foram primeiro secas no local e depois no laboratório numa estufa durante 72 horas a 75°C para obter um peso seco constante, e depois utilizadas para determinar a biomassa seca (Ouédraogo, 2009; Zerbo, 2011). O valor pastoral das parcelas permanentes é estimado da seguinte forma:

As categorias de espécies forrageiras, ou seja, espécies herbáceas sem valor pastoral (SVP), espécies com baixo valor pastoral (FVP), espécies com valor pastoral médio (MVP) e espécies com bom valor pastoral (BVP), foram definidas com base na escala de índices de qualidade específicos de 4 classes (Ngom *et al.,* 2012; Sawadogo, 2011) (Tabela 26). Para as espécies para as quais os autores utilizam a escala de índice de qualidade específico de 6 classes e para a regeneração lenhosa, foram estabelecidas correspondências para identificar as categorias de espécies forrageiras (Tabela 27). As taxas de cobertura das diferentes categorias de espécies forrageiras foram utilizadas para construir os espectros de forragem.

Mesa 26Classificação das categorias de espécies forrageiras de acordo com a escala de quatro classes do índice de qualidade específico

Escala de índices de qualidade específicos com 4 classes	0	1	2	3
Categorias de espécies forrageiras	POR FAV OR	FVP	MVP	BVP

Tabela 27Classificação das categorias de espécies forrageiras de acordo com a escala de índices de qualidade específicos de quatro e seis classes

Escala de índices de qualidade específicos com 6 classes	0	1	2	3	4	5

Qualificador de palatabilidade para a regeneração lenhosa	NA	PA	A	TA
Categorias de espécies forrageiras	POR FAVOR	FVP	MVP	BVP

2.4. Análise dos dados

A diversidade florística da vegetação herbácea destes sítios de estudo foi avaliada através da elaboração de uma lista de espécies vegetais, géneros, famílias, tipos biológicos e tipos fitogeográficos com base no catálogo das plantas vasculares do Burkina Faso.

Para testar a influência da duração da proteção sobre os parâmetros de *S. obtusifolia*, foram utilizadas análises de variância (ANOVA) ao limiar de 5%, utilizando o programa R versão 4.1.0. O teste de normalidade de Shapiro-Wilk, utilizando o programa R versão 4.1.2, revelou que os dados relativos à riqueza taxonómica da vegetação não tinham uma distribuição normal. Por conseguinte, o teste não paramétrico de Kruskal-Wallis foi utilizado para este efeito. O software Pc-ord 6 foi utilizado para calcular a riqueza de espécies, a diversidade de Shannon e a equitabilidade de Piélou. A riqueza de espécies (SF) indica o número de espécies inventariadas numa área bem definida (parcela). O índice de diversidade de Shannon (H) quantifica a heterogeneidade da diversidade específica de um ambiente. H varia geralmente em média de 0 a 5 bits. Os seus valores elevados reflectem a abundância de espécies e, por conseguinte, condições ambientais favoráveis. A equitabilidade de Piélou (E) representa a distribuição homogénea de todos os indivíduos presentes por espécie. Varia de 0 a 1 e indica uma distribuição regular dos indivíduos entre espécies com valores próximos de 1 e a dominância de uma espécie ou de um pequeno número de espécies com valores próximos de 0. O método de análise dos dados relativos ao valor pastoril das parcelas é idêntico ao utilizado no capítulo II.

3. Resultados

3.1. Efeitos da duração da proteção na densidade, altura e biomassa de *Senna obtusifolia*

A duração da proteção teve um efeito significativo ($p < 0,05$) na densidade, altura e biomassa de *S. obtusifolia* e na biomassa de outras gramíneas. Em geral, a densidade, a altura e a biomassa de *Senna obtusifolia* diminuíram com a duração da proteção, enquanto a biomassa de outras gramíneas aumentou significativamente (Quadro 28). Em 2018, a queda da precipitação contribuiu para uma diminuição da densidade, altura e biomassa de *S. obtusifolia* e um aumento da biomassa de outras gramíneas. O aumento do índice de precipitação normalizado em 2020 levou a um aumento da biomassa de outras plantas herbáceas e a uma diminuição da densidade, altura e biomassa de *S. obtusifolia* (Quadro 28).

Mesa 28 Variação da densidade, altura, biomassa de *Senna obtusifolia* e biomassa de outras plantas herbáceas em função dos anos de monitorização e da precipitação.

S. obtusifolia	**ISP**	**Densidade**	**Altura**	**Biomassa**	**Biomassa**
Ano	-	(ind./ha)	(cm)	(t/ha)	Outros (t/ha)
		Média ± sd	Média ± sd	Média ± sd	Média ± sd
2017	0,25	80,23 ± 70,98.$10^4{}_a$	103 ± 24,67^a	2,30 ± 1,61^a	1,17± 0,69^a
2018	-0,15	43,13 ± 34,07.104^b	84,61 ± 20,36^b	1,25 ± 0,86^b	2,0 ± 0,93^b
2019	0,75	25,70. ±25,08.104^c	76,08 ± 21,15^c	0,704 ±5,2^c	2,66 ± 1,11^c
2020	3	12,72 ± 6,51. $10^4{}_c$	63,67 ±18,62^d	0,46 ± 0,36^c	3,46 ± 1,3 1^d
F	-	44,66	54,02	64,44	79,36
P	-	0,0001	0,0001	0,0001	0,0001

ISP: Índice de Precipitação Normalizado; Ind/ha: indivíduos por hectare; cm: centímetro; t/ha: toneladas por hectare; Média ± sd :

3.2. Dinâmica interanual da flora taxonómica da vegetação herbácea

Durante os quatro anos de acompanhamento, foram registadas 128 espécies, divididas em 27 famílias e 80 géneros (Tabela 28, Anexo 7). Em geral, a flora é dominada pelas Poaceae (40%), seguidas pelas Fabaceae (22%). As Rubiaceae representaram 12% e as Cyperaceae 10% das espécies inventariadas (Figura 29).

A riqueza de espécies aumenta com a duração da proteção. O número de espécies, famílias e géneros aumentou significativamente de 2017 para 2020. De 67 espécies em 2017 para 100 espécies em 2020 (Quadro 28).

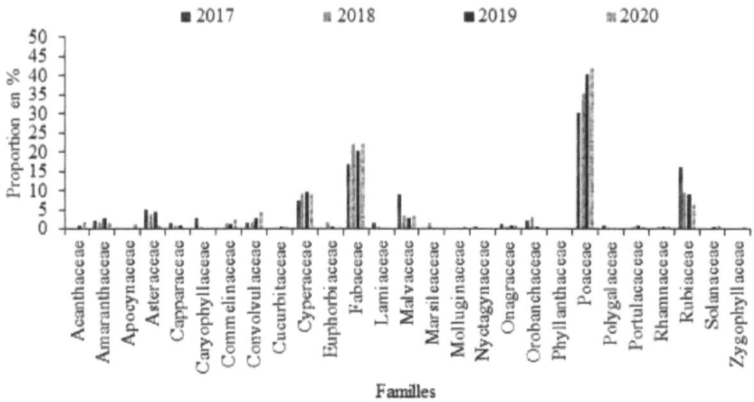

Figura 28Histograma de famílias de flora por ano

Tabela 29Riqueza taxonómica da vegetação herbácea

Anos de acompanhamento	Número de espécies	Tipo	Família
Mundial	128	80	27
2017	67	47	18
2018	82	55	21
2019	96	63	24
2020	100	60	18

3.3.Dinâmica interanual dos tipos biológicos e fitogeográficos da vegetação herbácea

A representação biológica das espécies registadas mostra uma predominância média de terófitos (25 espécies) em relação aos outros tipos biológicos (figura 29). Em termos de tipos fitogeográficos, as espécies de origem pantropical e afrotropical (Figura 30) são maioritárias. As espécies menos representadas são as afro-malgaxes e as cosmopolitas (Figura 30).

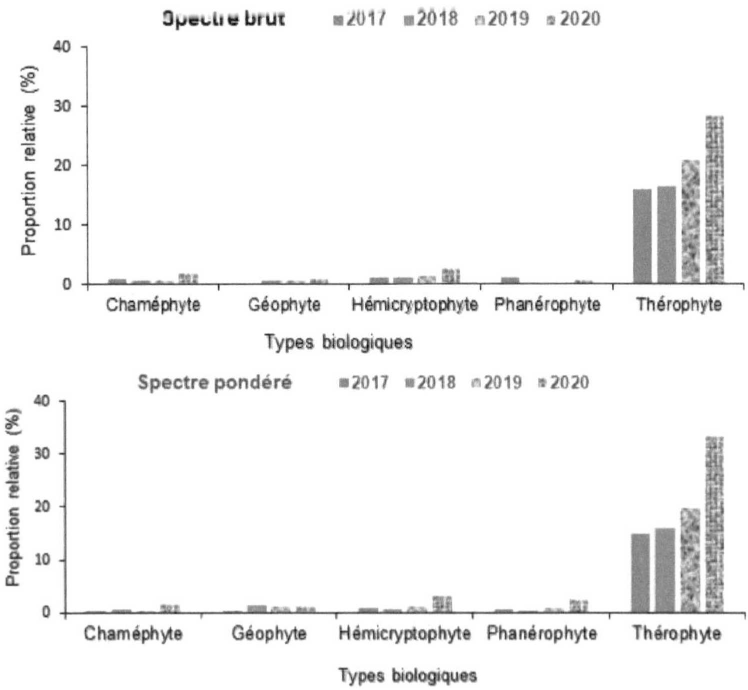

Figura 29Tipos biológicos (2017 a 2020)

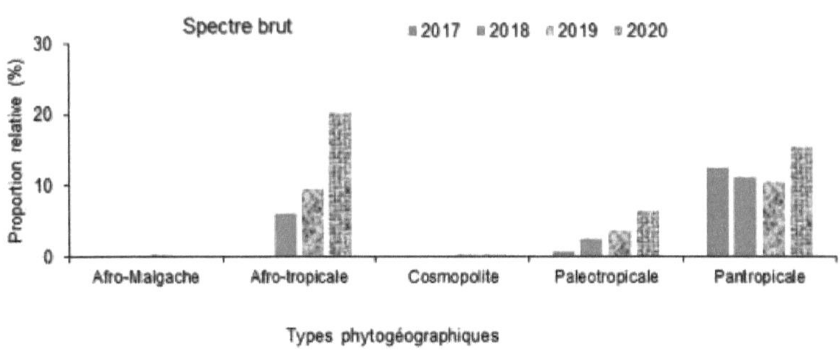

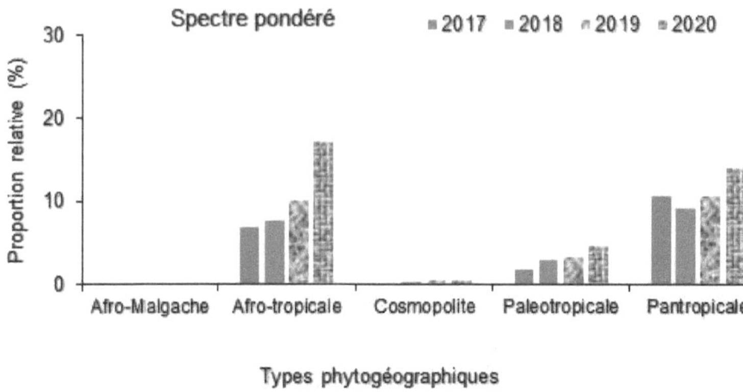

Figura 30Tipo fitogeográfico (2017 a 2020)

3.4. Diversidade florística e similaridade da vegetação herbácea em relação aos anos monitorizados

A riqueza média de espécies por parcela, os índices de diversidade de Shannon, a equidade de Piélou e o índice de Simpson variaram significativamente de um ano para o outro (P <0,05). Os três primeiros anos (2017, 2018 e 2019) foram os menos diversos (Tabela 30), ao contrário do quarto ano (2020), que registou um número crescente de espécies (15,32 ± 4,63 espécies). O índice de diversidade de Shannon varia na mesma direção que a riqueza de espécies, com um valor médio de 1,58 ± 0,19 para os últimos três anos, em comparação com 2,27 ± 0,34 para 2020. Em 2017, os índices de Piélou e Simpson foram respetivamente os mais baixos (0,7 ± 0,160; 64 ± 0,18), mas em 2020, o valor destes índices aumentou consideravelmente (0,84 ± 0,06; 0,86 ± 0,07) (Tabela 30).

A composição da vegetação herbácea varia de ano para ano e é principalmente influenciada pela duração da proteção. O índice de semelhança de Sørensen não revela qualquer semelhança na vegetação entre os quatro anos de monitorização (Quadro 31).

Mesa 30Índice de diversidade alfa (média ± desvio-padrão)

Anos	S	H	E	D
	M±sd	M±sd	M±sd	M±sd
2017	7,85 ±3,85[b]	1,39 ± 0,49[b]	0,70 ± 0,16[b]	0,64 ± 0,18[c]
2018	8,17± 3,54[b]	1,56 ± 0,41[b]	0,78 ± 0,11[a]	0,73 ± 0,11[b]
2019	10,27 ± 3,81[b]	1,78 ± 0,31[b]	0,79 ± 0,05[a]	0,78 ± 0,07[b]
2020	15,32 ± 4,63[a]	2,27 ± 0,34[a]	0,84 ± 0,06[a]	0,86 ± 0,07[a]
F	30,11	36,86	12,27	24,85

P	< 0,001	< 0,001	< 0,001	< 0,001

Os níveis não ligados pela mesma letra são estatisticamente diferentes. S: índice de riqueza de espécies; H: índice de diversidade de Shannon; E: índice de equitabilidade de Piélou; D: índice de diversidade de Simpson; F: valor F de Fisher; P: valor p ou probabilidade ao nível de significância de 0,05.

Tabela 31Comparação do índice de semelhança de Sørensen por ano de acompanhamento

Ano	2017	2018	2019	2020
2017	1			
2018	0,3973	1		
2019	0,2279	0,4361	1	
2020	0,1597	0,267	0,4559	1

3.5. Espécies herbáceas dominantes ao longo dos quatro anos de monitorização

Durante os quatro anos de monitorização, foi registada uma sucessão de espécies herbáceas em diferentes níveis de invasão, com diferentes níveis de dominância. Em 2017, as espécies dominantes foram *Senna obtusifolia (L.) H. S. Irwin & Barneby*, *Schoenefeldia gracilis* kunth, *Spermacoce filifolia J.*-P. Lebrun et stork, *Acanthospermum hispidum DC*, *Spermacoce stachydea DC*, *Panicum laetum* kunth, *Chamaecrista mimosoides* (L.) Greene e *Chloris pilosa* schum. A maioria destas espécies tem pouco ou nenhum valor pastoral (quadro 32).

Em 2018, para além da *Senna obtusifolia*, outras espécies também se revelaram dominantes. São elas *Pennisetum pedicellatum Trin*, *Panicum laetum J.-P. Lebrun et stork* , *Brachiaria lata* (Schumach.) C. E.Hubbard , *Zornia glauchidiata* C.Rchb. ex DC, *Spermacoce filifolia J.*-P. Lebrun et stork , *Schoenefeldia gracilis* kunth, *Echinochloa colona* (L.) Link , *Chamaecrista mimosoides* (L.) Greene e *Chloris pilosa schum.*

Em 2019, terceiro ano de proteção, *a Senna obtusifolia* continua a ser a espécie mais dominante, seguida de um certo número de espécies com valor pastoral: *Pennisetum pedicellatum Trin*, *Spermacoce filifolia J.*-P. Lebrun et stork , *Chamaecrista mimosoides (L.) Greene*, *Brachiaria lata* (Schumach.) C. E.Hubbard, *Panicum laetum J.-P. Lebrun et stork ..*, *Schoenefeldia gracilis* Kunth, *Zornia glauchidiata C.Rchb. ex DC*, *Echinochloa colona* (L.) Link, *Chrysanthellum Americanum (L.) Vatke*, *Setaria barbata (Lam.) Kunth*, *Dactyloctenium aegyptium* (Linn) Wild e *Cyperus rotundus L.*

Para o último ano de monitorização (2020), as espécies dominantes são *Schoenefeldia gracilis* kunth, *Brachiaria lata* (Schumach.) C. E.*Hubbard, Pennisetum pedicellatum* Trin, *Alizicarpus ovalifolius* (S. et Th.) Leon, *Spermacoce filifolia J.-P. Lebrun et stork, Panicum laetum J.-P. Lebrun et stork, Chamaecrista mimosoides (L.) Greene, Zornia glauchidiata C.Rchb. ex DC e Cyperus iria* Linn (quadro 32).

Nos três primeiros anos consecutivos, 2017, 2018 e 2019, *Senna obtusifolia* foi a espécie dominante, com valores de importância relativa decrescentes de 44,59, 33,05 e 13,47, respetivamente. Em contrapartida, em 2020, *Schoenefeldia gracilis, Pennisetum pedicellatum* e *Alizicarpus ovalifolius* foram as espécies mais dominantes, com valores de importância relativa superiores a dez. A importância relativa de *Senna obtusifolia* diminuiu para um valor de 3,62. No sítio de estudo, à medida que a proteção se prolonga, certas espécies aparecem. É o caso de Andropogon spp. nas espécies herbáceas e de *Vachellia* spp. na regeneração lenhosa (quadro 33).

Tabela 32Espécies herbáceas de importância relativa (IR ≥ 5)

Espécies	Vp	2017	2018	2019	2020
Acanthospermum hispidum	*POR FAVOR*	6,48	2,51	1,11	0,19
Alysicarpus ovalifolius	*BVP*	1,47	2,96	2,86	7,27
Brachiaria lata	***BVP***	**3,93**	**7,58**	**9,03**	**12,27**
Chamaecrista mimosoides	*MVP*	5,26	6,09	9,30	5,80
Chloris pilosa	*BVP*	5,04	5,87	4,64	4,02
Chrysanthellum americanum	*POR FAVOR*	0,37	3,49	6,21	1,73
Cyperus iria	*MVP*	4,83	3,19	4,44	5,05
Cyperus rotundus	*MVP*	1,11	4,85	5,29	3,51
Dactyloctenium aegyptium	*BVP*	4,21	3,68	5,58	4,85
Echinochloa colona	*MVP*	4,69	6,33	6,47	2,99
Panicum laetum	*MVP*	5,26	8,05	8,79	6,16
Pennisetum pedicellatum	***BVP***	**2,17**	**10,97**	**11,54**	**11,69**
Schoenefeldia gracilis	***MVP***	**7,70**	**6,49**	**8,27**	**15,28**

Espécies	Vp	2017	2018	2019	2020
Senna obtusifolia	***FVP***	**44,59**	**33,05**	**13,47**	**3,62**
Setaria barbata	*BVP*	1,26	1,01	5,67	1,03
Spermacoce filifolia	*POR FAVOR*	6,89	7,07	11,26	6,84
Spermacoce stachydea	*POR FAVOR*	6,31	3,73	3,68	1,40
Zornia glochidiata	*BVP*	2,51	7,38	6,67	5,46

Uma espécie é dominante se o seu índice de importância relativa for maior ou igual a 5.

Vp: Valor pastoral; MVP: Valor pastoral médio; BVP: Bom valor pastoral; FVP: Baixo valor pastoral; SVP: Sem valor pastoral

Tabela 33Espécies herbáceas e lenhosas que apareceram com a duração da proteção

Tipo	*Espécies vegetais*	2017	2018	2019	2020
Herbáceas	*Aeschynomene indica*	-	-	0,57	1,03
	Andropogon fastigiatus	-	-	0,57	2,32
	Andropogon gayanus	-	-	-	1,11
	Andropogon pseudapricus	-	-	0,56	1,00
	Hackelochloa granularis	-	-	-	1,86
	Indigofera stenophylla	-	-	0,77	0,51
	Ipomoea triloba	-	-		0,76
	Ipomoea asarifolia	-	-	-	0,73
	Ipomoea eriocarpa	-	-	-	1,62
	Stylosanthes erecta	-	-	-	3,70
	Tribulus terrestris	-	-	-	0,73
Regeneração lenhosa	*Dichrostachys cinerea*	-	0,36	0,29	0,51
	Prosopis juliflora	-	-	-	1,13
	Vachellia nilotica	-	-	0,28	0,51
	Vachellia seyal	-	-	0,29	0,89
	Vachellia sieberiana	-	-		0,70
	Vachellia tortilis	-	-	1,91	3,34

3.6. Dinâmica interanual do valor pastoral em função dos níveis de invasão

A representação gráfica da forragem mostra que a taxa de recuperação das espécies de Baixo Valor Pastoral (LPV) e Nenhum Valor Pastoral aumentou com a invasão de *S. obtusifolia* nos primeiros dois anos de monitorização. No entanto, a taxa de cobertura das espécies de Médio Valor Pastoral (MVP) e Bom Valor Pastoral diminuiu (Figura 31). No entanto, nos últimos dois anos de monitorização (2018 e 2019), as taxas de cobertura das espécies de Baixo Valor Pastoral (FVP) e sem Valor Pastoral diminuíram consideravelmente a favor das espécies de Médio Valor Pastoral (MVP) e Bom Valor Pastoral (BVP) (Figura 31).

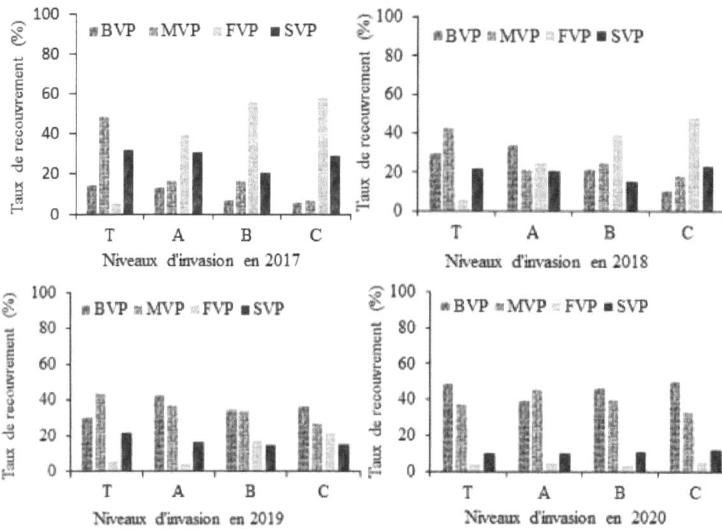

Figura 31Representação gráfica das forragens de 2017 a 2020

BVP: Bom valor pastoral; MVP: Valor pastoral médio; FVP: Baixo valor pastoral; SVP: Nenhum valor pastoral

4. Discussão

4.1. Efeitos da duração da proteção na biomassa, altura e densidade de *Senna obtusifolia*

O tempo de proteção da área comunal de Dori conduziu a uma redução da proliferação de *Senna obtusifolia* e a um aumento da densidade de outras espécies herbáceas. Esta redução é caracterizada por uma diminuição da biomassa, da densidade e da altura da *S. obtusifolia*. Estes resultados poderiam ser explicados, em parte, pela cessação do pastoreio nesta área protegida. De facto, graças à vedação erguida e à utilização de técnicas de restauração como as meias-luas combinadas com a escarificação, esta área, que se tornou inacessível ao gado, favoreceu a restauração de várias espécies, incluindo espécies palatáveis que competem pelo espaço com espécies menos palatáveis como *a S. obtusifolia*. Além disso, a disseminação de sementes secas *de S. obtusifolia* pelo gado (Thiombiano *et al.*, 2012) foi interrompida pela proteção do sítio. Isto resultou na não renovação do banco de sementes de *Senna obtusifolia* no solo, levando a uma redução da densidade de *Senna obtusifolia* ao longo do tempo e a um aumento do número de outras espécies herbáceas. Mais especificamente, a duração da proteção nos últimos dois anos provocou a regressão *da Senna obtusifolia* e *das* espécies com baixo/nulo valor pastoral. A regressão destas espécies favoreceu a libertação de espaço a favor das espécies com elevado valor forrageiro em todos os níveis de invasão. Os nossos resultados estão em consonância com os de Konedera *et al* (2010), que constataram que, durante um período de monitorização de 6 anos, *Senna obtusifolia* e *schoenefeldia gracilis* estavam entre as espécies mais dominantes, que serão substituídas por outras espécies com elevado valor forrageiro, como *Brachiaria lata*, *Penicetum pedicellatum*, *Zornia glauchidiata*, etc. A regressão destas espécies favoreceu a libertação de espaço a favor de espécies com elevado valor forrageiro em todos os níveis de invasão.

A diminuição da densidade de *S. obtusifolia* após quatro anos pode, portanto, dever-se ao facto de que quanto mais tempo a semente permanece no solo, mais diminui a sua viabilidade. De facto, alguns autores afirmam que as sementes de *S. obtusifolia* têm envelopes duros e podem permanecer viáveis no banco de sementes do solo durante mais de 5 anos (Creel *et al.,* 1968; Egley e Chandler 1983; Senseman e Oliver, 1993). No entanto, outros autores (Ewart, 1908; Doll *et al.*, 1976; Egley *e* Chandler, 1978; Binggeli, 2005) verificaram que, em armazenamento seco, as sementes de *S. obtusifolia* perdem a sua viabilidade muito rapidamente. Estes autores mostraram que as sementes armazenadas durante três anos tinham uma germinação global de 22%. Afirmaram também que as sementes *de S. obtusifolia* armazenadas durante nove anos tinham uma germinação entre 9% e 10% das sementes enterradas no solo.

Os níveis de controlo não foram infestados ao longo do tempo por *Senna obtusifolia*, ao contrário dos níveis de invasão, que foram os mais infestados, nos quais a densidade, a biomassa e a altura de *S. obtusifolia* diminuíram consideravelmente ao longo do tempo. Estes resultados indicam o papel que os animais podem desempenhar na disseminação das sementes de *Senna obtusifolia* nas pastagens invadidas e a pressão sobre outras espécies. A ausência de animais causou um declínio na proliferação de *Senna obtusifolia* dentro da área protegida.

4.2. Efeitos da vedação na dinâmica da vegetação herbácea

4.2.1. Riqueza taxonómica da vegetação herbácea

Nos locais de estudo, e durante os quatro anos de monitoramento, observamos uma dominância das famílias Poaceae e Fabaceae sobre as demais famílias. Esta dominância das Poaceae deve-se ao facto de as gramíneas serem as espécies mais representadas na savana (Beker *e* Muler, 2007; Zizka *et al.*, 2015). Quanto às Fabaceae, que ocupam o segundo lugar, isso poderia ser explicado pelo facto de *S. obtusifolia*, sendo uma fabaceae, impor a sua fisionomia (um ambiente dominado pela população de *S. obtusifolia*) à vegetação herbácea inventariada durante este estudo através da sua elevada taxa de cobertura. A riqueza de espécies também aumentou com a duração da proteção. De facto, a cessação do pastoreio favoreceu o restabelecimento de várias espécies, incluindo as palatáveis. No que diz respeito aos resultados relativos aos tipos biológicos, a elevada representação das terófitas parece estar ligada ao grau de perturbação humana que contribuiu para libertar espaço para o estabelecimento de espécies anuais. Os nossos resultados corroboram os de Goudard (2007). Os tipos fitogeográficos mais representativos, de origem pantropical e tropical africana, são certamente os mais comuns na África Ocidental.

4.2.2. Diversidade específica e similaridade da vegetação herbácea em relação aos anos monitorizados

A diversidade específica varia de ano para ano. Esta variação é principalmente influenciada pela duração da proteção. Em 2017, os valores dos índices de diversidade de Shannon e de Simpson foram de 1,39 bit e 0,64, respetivamente, e o valor de equitabilidade de Piélou foi de 0,70. Aboh (2008) verificou que a distribuição desigual das espécies estava ligada à dominância de plantas invasoras. Assim, os resultados obtidos reflectem a baixa diversidade de espécies e a sua distribuição irregular devido à dominância de *S. obtusifolia* no local de estudo. De 2017 para 2020, os valores dos índices de diversidade de Shannon e Simpson aumentaram significativamente. O mesmo se aplica à equitabilidade de Piélou. O aumento progressivo dos valores destes índices reflecte uma clara melhoria da diversidade das espécies e da sua distribuição equitativa num ambiente cada vez mais favorável ao seu estabelecimento, devido à regressão de *S. obtusifolia* no sítio de estudo.

O índice de semelhança de Sørensen não revela qualquer semelhança na vegetação durante os quatro anos de monitorização após a proteção. Isto pode ser explicado pelo processo natural de sucessão vegetal, que é particularmente favorecido pela proteção. Durante esta sucessão, certas espécies desaparecem em benefício de outras. Segundo Abourouh *et al* (2005), a eliminação do pastoreio favorece a revitalização da vegetação e permite a regeneração de certas espécies vegetais. Métro e Sauvage (1955) acrescentam que a intensidade desta regeneração natural é proporcional à duração da proteção.

4.2.3. Efeito do tipo de solo (enriquecimento do solo) na dinâmica de regressão de *Senna obtusifolia*

A Senna obtusifolia é uma espécie cuja proliferação é também favorecida por solos férteis (Tungate *et al.*, 2002). No entanto, se, apesar da fertilização progressiva do ambiente protegido, se verificar um declínio na dinâmica da *S. obtusifolia,* tal poderá ser explicado pelo facto de a fertilização do ambiente não ser, por si só, suficiente para que a espécie se estabeleça eficazmente. A fertilidade do solo deve ser acompanhada de perturbações ambientais. De acordo com Dunlop *et al* (2006) e Solomon e Yayneshet (2014), os ambientes perturbados são mais favoráveis à proliferação de *S. obtusifolia* do que os ambientes não perturbados.

4.2.4. Espécies herbáceas dominantes ao longo dos quatro anos de monitorização

O predomínio de *S. obtusifolia* sobre as outras espécies herbáceas durante os três anos consecutivos de monitorização deve-se ao elevado stock de sementes desta espécie disseminadas durante o pastoreio e à sua boa resistência e capacidade de germinação. Além disso, as práticas de recuperação do solo utilizando meias-luas combinadas com a escarificação desde o primeiro ano de proteção contribuíram para uma proliferação de *S. obtusifolia* na floresta comunal. Essas observações são semelhantes às de Kiéma *et al* (2012), que constataram que o enriquecimento do solo por meio de práticas de meia-lua favoreceu o aumento de leguminosas, particularmente *S. obtusifolia.* No entanto, pensa-se que o declínio acentuado da espécie no último ano de acompanhamento se deve ao esgotamento do stock de sementes não renovado pela supressão do pastoreio e à ocupação do espaço por outras espécies que foram impedidas pelo pastoreio. *O Pennisetum pedicellatum*, o *Alizicarpus ovalifolius*, bem como as andropogonáceas e as regenerações lenhosas do Sahel são espécies muito apreciadas pelos animais. O número de anos necessários para uma mudança evolutiva do número de espécies vegetais na sequência de uma mudança de práticas varia muito de um contexto para outro e depende frequentemente de uma combinação de vários factores. Jeangros e Berthola (2002) observaram o aparecimento de dez novas espécies em quatro anos numa área protegida.

5. Conclusão parcial

As zonas protegidas contribuíram para uma redução da perturbação humana, reduzindo assim a proliferação de *S. obtusifolia*. A primeira hipótese, segundo a qual a duração da proteção não favorece a proliferação *de S. obtusifolia*, é confirmada. Esta proteção favoreceu igualmente a restauração de espécies vegetais com bom valor forrageiro. A segunda hipótese, segundo a qual a duração da proteção contribui para o restabelecimento da vegetação, é confirmada. A proteção favoreceu, no entanto, o aparecimento de várias outras espécies herbáceas e lenhosas que tinham desaparecido devido às perturbações humanas. Estes resultados poderiam conduzir a uma perspetiva biológica de redução da proliferação das espécies a favor de espécies de boa qualidade forrageira. O desfolhamento poderia ser uma forma alternativa de restaurar a produtividade e o valor forrageiro de áreas de pastagem degradadas. Esta prática poderia ser popularizada nas zonas pastoris do país.

CONCLUSÃO GERAL, PERSPECTIVAS E RECOMENDAÇÕES

Conclusão geral

A Senna obtusifolia é uma espécie que se tornou invasora devido ao contacto humano e animal. Através das suas actividades agro-pastoris, o homem contribuiu direta ou indiretamente para a disseminação das sementes de *S. obtusifolia*, quer ceifando os caules secos, que favorecem a queda das sementes, quer transportando os caules. Quanto ao animal, obrigado a consumir as sementes da espécie na estação seca devido à escassez de forragem, tornou-se provavelmente o maior vetor de propagação da espécie no Sahel. Este estudo centrou-se nos factores de invasão de *S. obtusifolia*. As vantagens competitivas de *S. obtusifolia* devem-se a factores externos, tanto mais que esta espécie autóctone se encontrava sobretudo em terras baixas. Além disso, a sua vulnerabilidade foi evidenciada durante a experiência em estufa pelo facto de ter sido a mais sensível ao défice hídrico e menos competitiva do que *A. gayanus* e também *P. pedicellatum*. Estas duas gramíneas nativas são muito populares entre os ruminantes, mas a sua densidade foi muito reduzida nas pastagens devido ao sobrepastoreio. No entanto, as caraterísticas da *S. obtusifolia*, caracterizadas por uma elevada taxa de germinação, crescimento rápido e baixa palatabilidade, conferem-lhe uma certa vantagem competitiva em relação a outras gramíneas e permitem-lhe colonizar o terreno. Além disso, a eliminação dos factores que favorecem a sua proliferação mostra a incapacidade da espécie para se estabelecer durante um período prolongado num ambiente não perturbado. A utilização de pousios revela-se, portanto, um meio eficaz de controlar a expansão da espécie. Além disso, *a S. obtusifolia* não é apenas uma espécie indesejável, mas é também uma fonte de alimento, especialmente durante a estação baixa, e um produto artesanal economicamente rentável para as populações locais, especialmente no Sahel. A valorização desta espécie seria mais rentável e poderia também ser um meio de controlar a invasão da espécie.

Perspectivas

Este estudo destacou o problema da gestão de plantas invasoras em pastagens degradadas em relação a factores ecológicos e sociais. Revelou os factores subjacentes à invasão de *Senna obtusifolia* e o impacto desta invasão nos serviços do ecossistema. Destacou também alternativas de gestão para esta espécie. O estudo contribuiria significativamente para dar resposta a uma das principais preocupações da África Ocidental, e do

Burkina Faso em particular, nomeadamente "Como melhorar a produtividade das pastagens para uma produção animal sustentável num contexto de crises de segurança, clima e terra".

O estudo da invasão de plantas deve, portanto, ser prosseguido com o objetivo de :

- propor um mapa da distribuição de *S. obtusifolia* nas zonas pastoris do país,
- testar a capacidade germinativa das sementes de *Senna obtusifolia* em função do tempo de armazenamento, com o objetivo de determinar a capacidade de resistência das sementes em termos de tempo de conservação,
- o alargamento da utilização das superfícies retiradas da produção nas zonas Sudano-Saheliana e Sudaniana
- identificar ecótipos de *Senna obtusifolia* para comparar a sua produtividade e adaptação às condições ambientais, nomeadamente ao stress hídrico e térmico.
- Propor a monitorização por teledeteção e a modelização da evolução de espécies invasoras em zonas pastoris.
- Avaliar a composição nutricional de caules secos *de S. obtusifolia* para utilização como suplemento alimentar.

Recomendações

Foram feitas as seguintes recomendações para a gestão das espécies invasoras e das pastagens degradadas:

- Para as populações locais, um sistema de agricultura rotativa que inclua a retirada de terras nas zonas pastoris para permitir o restabelecimento dos serviços nas zonas degradadas. Devem também realizar actividades de recuperação dos solos para acelerar a sua recuperação;
- As autoridades responsáveis pelo ambiente devem prestar especial atenção ao problema das espécies invasoras, a fim de criar sistemas de prevenção e de gestão sustentável. É igualmente importante criar um sistema de segurança das zonas pastoris através de um controlo rigoroso dessas zonas, a fim de melhorar a produção pecuária.
- É necessário promover a utilização de caules secos *de S. obtusifolia* na alimentação do gado.
- Promover a cultura de forragens naturais em todo o país para as tornar disponíveis.

Referências

Abakar, I., Tankoano, A., & Aly, S. (2019). Tecnologias tradicionais e propriedades probióticas de cepas de Bacillus isoladas de Kawal - um condimento alimentar fermentado tradicional do Chade. *Journal of Food Technology Research*, 6(2), 57-71. https://doi.org/10.18488/journal.58.2019.62.57.71

Abbott, T. P., Vaughn, S. F., Dowd, P. F., Mojtahedi, H., & Wilson, R. F.. (1998). Potenciais usos da foice (cassia obtusifolia). *Crops and Industrial Products*, 8 (1), 77-82.

Aboh, A. B. (2008). *Fitossociologia, ecologia, potencialidades e gestão dos pântanos naturais ocupados por Chromolaena odorata e Hyptis suaveolens na zona sudanesa-guineense* (Bénin). Doutoramento em Gestão dos Recursos Naturais, Ordenamento do Território e Política Ambiental, Universidade de Abomey-Calavi (UAC), 227 p.

Aboh, A. B., Babatounde, S., Oumorou, M., Houinato, M., & Sinsin, B. (2012). Valor pastoral das pastagens naturais na zona Sudano-Guineense e estratégia de adaptação dos agricultores aos efeitos da sua invasão por Chromolaena odorata no Benim. *Revista Internacional de Ciências Biológicas e Químicas*, 6(4), 1633-1646.

Abourouh, M., Taleb, M., Makhloufi, M., Boulmane, M., & Aronson, J. (2005). Biodiversidade e dinâmica da vegetação na subera de Maâmora (Marrocos), efeito da duração do cercado. *Forêt méditerranéenne*, 26(4), 275-286.

ACTA (1986). *Cassia obtusifolia* L. In: Adventices Tropicales [Ervas daninhas tropicais]. Paris, França: *ACTA-Publications*.

Adams, V. M., & Setterfield, S. A. (2013). Estimando os riscos financeiros de Andropogon gayanus para projetos de redução de gases de efeito estufa no norte da Austrália. *Environmental Research Letters*, 8(2), 025018.

Adjatin A. (2006) Contributions *à l'étude de la diversité des légumes feuilles traditionnels consommés dans le départe-ment de l'Atacora (Benin).* Université de Lomé (Togo)- Diplôme d'Études 303-Approfondies 2006, 55P.

Agúndez, D., Nouhoheflin, T., Coulibaly, O., Soliño, M., & Alía, R. (2020). Preferências locais para a produção de noz e manteiga de karité no norte do Benim: resultados preliminares. *Forests*, 11(1), 13. https://doi.org/10.3390/f11010013

Akodéwou A., Oszwald J., Akpavi S., Gazull L., Akpagana K. & Gond V. (2019). O problema das plantas invasoras no sul do Togo (África Ocidental): contribuição da análise de sistemas de paisagem e sensoriamento remoto. *Biotecnologia Agronómica Sociologia Ambiente*, 23 (2): 1-16

Akpo É. L., & Masse D., M. G. (2000). Valor pastoral da vegetação herbácea dos pousios sudaneses. *La Jachère En Afrique Tropicale*, 101(janeiro de 2016), 493-502.

Akpo L.E., & Grouzis M., (2000). Valor pastoral das pastagens nas regiões sudanesas: o caso das pastagens do Sahel no norte do Senegal. *Tropicultura,* 18 (1): 1-8

Akpo L.E., Masse D. & Grouzis M. (2002). Duração do pousio e valor pastoral da vegetação herbácea na zona sudanesa do Senegal. *Revue d'élevage et de Médecine Vétérinaire Des Pays Tropicaux,* 55(4), 275. https://doi.org/10.19182/remvt.9815.

Alexiades, M. N., & Sheldon, J. W. (1996). Diretrizes selecionadas para a investigação etnobotânica: Um manual de campo.

Alhassane, A., Soumana, I., Chaibou, I., Karim, S., & Mahamane, A. (2018). Produtividade, valor pastoral e capacidade de carga das pastagens na região de Maradi, Níger Produtividade, valor pastoral e capacidade de carga das pastagens na região de Maradi, Níger. *Revista Internacional de Ciências Biológicas e Químicas*, 12(agosto), 1705-1716.

Amégnaglo K.B., Dourma M., Akpavi S., Akodewou A., Wala K., Diwediga B., Atakpama W., Agbodan K.M.L., Batawila K., & Akpagana K., (2018). Caracterização das formações vegetais pastoreadas na zona guineense do Togo: tipologia, avaliação da biomassa, diversidade, valor forrageiro e regeneração. *Revista Internacional de Biologia. Chemestry. Sciences, 12* (5): 2065-2084, doi: 10.4314/ijbcs.v12i5.9

Anastasia, A.-a., Awono, K. D., Clautilde, M., & Emmanuel, Y. (2014). Potencialidades das espécies herbáceas indígenas para a melhoria dos sistemas agrícolas das pessoas do campo na zona Sudano-Saheliana dos Camarões. *Revista de agricultura e ciências ambientais*, 3 (3), 73 -89.

APG IV (classificação do Angiosperm Phylogeny Group para as ordens e famílias de plantas com flores). (2016). *Botanical Journal of the Linnean Society*, 181(1): 1-20.

Arbonnier M., 2019. *Arbres, Arbustes et Lianes Des Zones Sèches d'Afrique de l'Ouest.* Paris: MNHN; 776 p.

Archibald, J. L., Anderson, C. B., Dicenta, M., Roulier, C., Slutz, K., & Nielsen, E. A. (2020). A relevância dos imaginários sociais para compreender e gerenciar invasões biológicas no sul da Patagônia. *Invasões Biológicas*, 22(11), 3307-3323.

Assogbadjo, A. E., Kakaï, R. G., Chadare, F. J., Thomson, L., Kyndt, T., Sinsin, B., & Van Damme, P. (2008). Folk classification, perception, and preferences of baobab products in West Africa: Consequences for species conservation and improvement. *Botânica Económica,* 62(1), 74-84.

Attia F., (2007). *Efeito do stress hídrico no comportamento ecofisiológico e na maturação fenológica da videira (Vitis vinifera L.): Estudo de cinco videiras autóctones do Midi-Pyrenées*. Tese INP, Toulouse (França), 194p.

Augustine, C., Khobe, D., Madugu, A. J., Babakiri, Y., Joel, I., John, T., Igwebuike, J. U., & Ibrahim, A. (2020). Desempenho produtivo e benefícios de custo da alimentação de ratos albinos wistar com dietas à base de farinha de folhas de vagem de foice tropical processada (*Senna obtusifolia*). *Translational Animal Science*, 4(2), 589-593. https://doi.org/10.1093/tas/txaa036

Ayantunde, A. A., Oluwatosin, B. O., Yameogo, V., & van Wijk, M. (2020). Benefícios percebidos, constrangimentos e determinantes da intensificação sustentável dos sistemas mistos de culturas e pecuária na zona do Sahel do Burkina Faso. *Revista Internacional de Sustentabilidade Agrícola*, 18(1), 84-98.

Aziadekey, M. K., Atayi, A., Odah, K., & Magamana, A.-E. (2014). Estudo da influência do stress hídrico em duas linhas de niebe. *European Scientific Journal*, 10(30). https://doi.org/10.19044/esj.2014.v10n30p%p

Baghdadi, A., Halim, R. A., Othman, R., Yusof, M. M., & Atashgahi, A. R. M. (2016). Produtividade, rendimento relativo e crescimento de plantas de milho forrageiro intercalado com soja sob diferentes proporções de combinação de culturas. Legume Research - *An International Journal*, 39(4), 558-564. https://doi.org/10.18805/lr.v0iOF.10755

Bailey, R. L., Faulkner-Grant, H. A., Martin, V. Y., Phillips, T. B., & Bonter, D. N. (2020). Usurpação de ninhos por aves não nativas e o papel das pessoas na gestão de caixas-ninho. Conservation Science and Practice, 2(5), e185.Situation and determinants. *Forages*, 221, 15-24.

Balay, C., Cournut, S., Michelin, Y., Capitaine, M., & Boisdon, I. (2015). Serviços ecossistémicos prestados pelas pastagens numa comuna de meia montanha em Auvergne: avaliação e determinantes. *Fourrages*, *221*, 15-24.

Ball, K. R., Power, S. A., Brien, C., & Woodin, S., (2020). A fenotipagem baseada em imagens de alto rendimento revela a facilitação do crescimento dependente de nutrientes em uma mistura de grama e leguminosa. *PloS one,* 15(10), e0239673. https://doi.org/10.1371/journal.pone.0239673

Bargali, K., & Bargali, S. (2016). Capacidade de germinação de sementes de leguminosas em condições de défice hídrico: Implicações para a restauração de terras degradadas em Kumaun Himalaya. *Tropical Ecology*, 57(3), 445-453.

Barros, V., Melo, A., Santos, M., Nogueira, L., Frosi, G., & Santos, M. G. (2020). Diferentes estratégias de uso de recursos de espécies lenhosas invasoras e nativas de uma floresta tropical sazonalmente seca sob estresse e recuperação da seca. *Plant Physiology and Biochemistry*, 147, 181-190. https://doi.org/10.1016/j.plaphy.2019.12.018

Baruch, Z. (1994). Respostas à seca e à inundação em gramíneas forrageiras tropicais. *Plant and Soil*, 164(1), 87. https://doi.org/10.1007/BF00010114

Baskin J. M. & Baskin C. C., (2004). Um sistema de classificação para a dormência de sementes. *Seed Science Research*, 14:1-16.

Bastiani, M. O., Lamego, F. P., Agostinetto, D., Langaro, A. C., Silva, D. C. da, Bastiani, M. O., Lamego, F. P., Agostinetto, D., Langaro, A. C., & Silva, D. C. da. (2016). Competitividade relativa de cultivares de soja com capim-braquiária. *Bragantia*, 75(4), 435-445. https://doi.org/10.1590/1678-4499.412

Batawila, K., Akpavi, S., Wala, K., & Kanda, M. (2005). Diversity and management of pick-your-own vegetables in Togo (Diversidade e gestão de legumes de colheita no Togo). *Developing African leafy vegetables for improved nutrition*, 55-68.

Bechir A. B. & Mopate L. Y. (2015). Análise da dinâmica da pastagem em torno de estruturas hidráulicas em áreas pastoris de Batha Ocidental, Chade. Afrique Science : *Revue Internationale Des Sciences et Technologie*, 11(1), 212-226.

Becker T & Muller J.V., (2007). Afinidades florísticas, espectros de formas de vida e preferências de habitat da vegetação de duas regiões semi-áridas na África Ocidental e Austral do Sahel. *Basic and Applied Dryland Research,* 1:33-50.

Bentham G (1871*). Revisão do género Cassia.* Trans Linnean Soc London 27:503-591

Berhaut J., (1967). *Flora do Senegal.* 2ª ed. Clairafrique ed., Dakar, Senegal, 625p.

Berhaut J., (1979). *Flore illustrée du Sénégal*, Dicotlédones, Dakar, 625 p.

Bewley D. J., Bradford J. K., Hilhorst M. W. H. & Nonogaki H., (2012). Seeds: Physiology of development, germination and dormancy (Sementes: Fisiologia do desenvolvimento, germinação e dormência). *Terceira edição Springer science*, New york. 392p.

Binggeli P., (2005). *Compêndio de Proteção de Culturas - Senna obtusifolia* (L.) Irwin & Barneby, 15p.

Black, R., & Bartlett, D. M. (2020). Quadros de biossegurança para o movimento transfronteiriço de espécies exóticas invasoras. *Ciência e Política Ambiental*, 105, 113-119.

Bolinder, M. A., Angers, D. A., Bélanger, G., Michaud, R., & Laverdière, M. R. (2002). Root biomass and shoot to root ratios of perennial forage crops in eastern Canada. *Canadian Journal of Plant Science*, 82(4), 731-737. https://doi.org/10.4141/P01-139

Bonnet P., Arbonnier M., & Grard P., (2005). O ligneux do Sahel. - CIRAD - CD-Rom.

Botoni Liehoun, E., Daget, P., & César, J. (2006). Actividades de pastoreio, biodiversidade e vegetação pastoril na zona ocidental do Burkina Faso. *Revue d'élevage et de Médecine Vétérinaire Des Pays Tropicaux*, 59, 31-38.

Boudet G., (1991). *Manuel sur les pâturages tropicaux et les cultures fourragères*. Ministère de la coopération et du développement, Coll. Manuels et précis d'élevage 4ª ed. Paris França, 266 páginas.

Boyette, C. D. (2006). Os adjuvantes aumentam o potencial de controlo biológico de um isolado de Colletotrichum gloeosporioides para o controlo biológico da foice (senna obtusifolia). *Ciência do Biocontrolo e Tecnologia*, 16 (10), 1057-1066.

Bradshaw, C.J.A., & Courchamp, F., (2021). Custos económicos elevados e crescentes das invasões biológicas em todo o mundo. *Nature* 592, 571-576. https://doi.org/10.1038/s41586-021-03405-6

Brenan JPM (1958) *New and noteworthy cassias from tropical Africa*. Kew Bull 13:231-252

Brenan JPM. (1967). Leguminosae Subfamília Caesalpinioideae. In: Milne-Redhead E, Polhill RM, editores. *Flora of tropical East Africa*. Londres: White Friars Press, Crown Agents for Oversea Governments and Administrations; p. 230.

Brannen, J. (2005). Méthodes De Mélange: L'entrée des approches qualitatives et quantitatives dans le procédé de recherches. *Revista Internacional de Metodologia da Investigação Social*, 8 (3), 173-184.

Bridgewater P, Higgs ES, Hobbs RJ, & Jackson SJ (2011) *Engaging with novel ecosystems. Fronteiras em Ecologia e Ambiente* 9:423-423

Braun-Blanquet J., (1982). *Sociologia vegetal. O estudo das comunidades vegetais*. Primeira ed. McGraw-Hill Book Co, Nova Iorque e Londres, 439 p.

Broadbent, A., Stevens, C. J., Peltzer, D. A., Ostle, N. J., & Orwin, K. H. (2018). A competição abaixo do solo impulsiona o impacto de plantas invasoras em espécies nativas, independentemente da disponibilidade de nitrogênio. *Oecologia*, 186(2), 577-587.

Buchanan, G. A., Crowley, R. H., Street, J. E., & McGuire, J. A. (1980). Competition of Sicklepod (Cassia obtusifolia) and Redroot Pigweed (Amaranthus retroflexus) with Cotton (Gossypium hirsutum). *Weed Science*, 28(3), 258-262. https://doi.org/10.1017/S0043174500055259

Buchholz J., Querner P., Paredes D., Bauer T., Strauss P., Guernion M., Scimia J., Cluzeau D., Bure F., Kratschmer S., Winter Silvia, Potthoff M. & Zaller J. G. (2017). A biota do solo nas vinhas é mais influenciada pelas plantas e pela qualidade do solo do que pela intensidade da lavoura ou pela paisagem circundante. *Relatórios científicos*, (junho), 1-12. https://doi.org/10.1038/s41598-017-17601-w.

Buldgen A., & Dieng A., (1997). Andropogon gayanus var. bisquamulatus. Uma cultura forrageira para regiões tropicais. *Les presses agronomiques de Gembloux*, A.S.B.L.

Bunasols (Bureau National des Sols), (1997). *Estudo morfo-pédologico da província de Kénédougou.* Relatório técnico N°108, 172 p.

Bunasols (Bureau national des sols), 2006. *Estudo morfo-pedológico das províncias de Mouhoun e Balés.* Relatório técnico N°135, 82 p.

Burgess, N., Hales, J., Underwood, E., Dinerstein, E., Olson, D., Itoua, I., Schipper, J., Ricketts, T., & Newman, K. (2004). Terrestrial ecoregions of Africa and Madagascar: A conservation assessment. *Island Press.*

Burrows, G. E., & Tyrl, R. J. (2013). Plantas tóxicas da América do Norte. John Wiley & Sons.

Cai, X. & Gu, M. 2016. Bioherbicidas em horticultura orgânica. *Horticulturae* 2:3.

Carey, M. P., Sanderson, B. L., Barnas, K. A., & Olden, J. D. (2012). Invasores nativos - desafios para a ciência, gestão, política e sociedade. *Frontiers in Ecology and the Environment*, 10(7), 373-381.

Chafai, (2012). *Estudo do efeito do stress hídrico numa coleção de linhas de Medicago truncatula. Opção Magister en biotechnologies végétales : Biotechnologies végétales.* Escola Nacional Superior de Agronomia El-harrach Alger, 83p.

Chambers, J. C., Bradley, B. A., Brown, C. S., D'Antonio, C., Germino, M. J., Grace, J. B., Hardegree, S. P., Miller, R. F., & Pyke, D. A. (2014). Resiliência ao estresse e perturbação e resistência à invasão de Bromus tectorum L. em arbustos do deserto frio do oeste da América do Norte. *Ecosystems*, 17(2), 360-375. https://doi.org/10.1007/s10021-013-9725-5

Charahabil, M. M., & Akpo, L. E. (2018). A goiaba vermelha: Psidium cattleyanum var. coriaceum (Mart. ex O. Berg) Kiaersk. Uma espécie invasora e multiuso no Grande-Comore.*ESJ*,14, 436. https://doi.org/10.19044/esj.2018.v14n9p436

Chauvel B., (2019). *Quando as plantas invasoras também vagueiam pelos campos.* Enciclopédia. Ambiente. [online]

Chaves M M., (2002). Como é que as plantas lidam com o stress hídrico no campo? Fotossíntese e crescimento. *Annal of Botany*, 89(7), 907-916.

Chaves M M., Maroco J P., & Pereira J S., (2003). Compreender as respostas das plantas à seca: dos genes à planta inteira. *Função Biologia Vegetal.* 30. pp : 239-264.

Chaves Neto, J. R., Mazutti, M. A., Zabot, G. L., & Tres, M. V. (2020). Ação bioherbicida do caldo fermentado de Phoma dimorpha sobre sementes e plantas de *Senna obtusifolia. Pesquisa Agropecuária Tropical*, 50.

Cissé M., Bationo B. A., Traoré S. & Boussim I. J. (2018). Perceção das espécies agroflorestais e dos seus serviços ecossistémicos por três grupos étnicos na bacia hidrográfica de Boura, zona sudanesa do Burkina Faso. *Bois et Forêts des Tropiques*, no. 338: 29-42. Doi : https://doi.org/10.19182/bft2018.338.a31680.

Côme D., (1993). *"Rôle des facteurs du milieu dans la germination et la survie des semences". In " Les problèmes de semences forestières notamment en Afrique "*. Actas finais do simpósio do grupo de trabalho P.2.04.00 da IUFRO. Problèmes des semences, Ouagadougou, Burkina-Faso, 23-28 de novembro de 1992, L. M. Somé e M. Kam (Eds). Backhuys Publishers, Leiden, Países Baixos, pp.131-142.

Conedera, M., Bomio-Pacciorini, N., Bomio-Pacciorini, P., Sciacca, S., Grandi, L., Boureima, A., & Vettraino, A. M. (2010). Reconstituição de ecossistemas sahelianos degradados. *Bois & forets des tropiques,* 304, 61-71.

Connolly, J., Goma, H. C., & Rahim, K. (2001). The information content of indicators in intercropping research. *Agriculture, Ecosystems & Environment,* 87(2), 191-207. https://doi.org/10.1016/S0167-8809(01)00278-X

Conselho Nacional do Ambiente para um Desenvolvimento Duradouro, (2010). *Contribuição para o estado do conhecimento de algumas plantas invasoras no Níger,* 40p.

Convenção sobre a Diversidade Biológica, (2014). *Quinto relatório nacional do Burkina Faso para a conferência das partes da convenção sobre a diversidade biológica. Burkina Faso*. 114p.

Cordeau, S., Triolet, M., Wayman, S., Steinberg, C., & Guillemin, J.P., (2016). Bioherbicidas: mortos na água? Uma revisão dos produtos existentes para a gestão integrada de ervas daninhas. *Proteção das culturas.* 87:44-49.

Coton, M. & De C. (1996). *Ethnobotany: Principles and applications*. John Wiley & Sons, Nova Iorque.

Crawford L, McDonald GM, & Friedman M (1990) Composition of sicklepod (Cassia obtusifolia) toxic weed seeds. *Journal of Agriculture and Food Chemestry* 38:2169-2175

Creel, J. M., Hoveland C. S., & Buchaman G. A.. (1968). Germinação, crescimento e ecologia da foice. *Weed Sciences*. 16:396-400.

Cunningham A., B. 1993. Plantas medicinais africanas: Estabelecendo prioridades na interface entre a conservação e os cuidados de saúde primários. In People and Plants Working Paper. UNESCO.

Daget, P., & Poissonnet, J. (1971). *Princípios de uma técnica de análise quantitativa da vegetação de formações herbáceas*. Doc. Cepe-cnrs, 56, 85-100.

Dagnelie, P. (1998). *Estatística Teórica e Aplicada (Volume 2).* De Boeck & Larcier, Paris-Bruxelas.

Dansi, A., Adjatin, A., Adoukonou-Sagbadja, H., Faladé, V., Yedomonhan, H., Odou, D. &, etDossou, B. (2008). Legumes de folha tradicionais e sua utilização na República do Benim. *Genetic Resources and Crop Evolution,* 55(8), 1239-1256. https://doi.org/10.1007/s10722-008-9324-z

D'Antonio C. M., T. L. Dudley & M. C. Mack, (1999). Perturbação e invasões biológicas: efeitos diretos e feedbacks. In: L. Walker (eds.), *Ecosystems of disturbed ground.* pp. 413-452. Elsevier, Amesterdão

Davies, K. W., & Sheley, R. L. (2007). Uma estrutura concetual para prevenir a dispersão espacial de plantas invasoras. *The Science of Weeds*, 55, 178 -184.

DeBoer, M. L., Grev, A. M., Sheaffer, C. C., Wells, M. S., & Martinson, K. L. (2020). Massa de erva, composição botânica, valor nutritivo da forragem e preferência de pastagens de gramíneas e leguminosas sob pastejo de cavalos. *Crop, Forage & Turfgrass Management*, 6(1), 20032.

Dekker, J. H., Meggitt, W. F., & Putnam, A. R. (1983). Metodologias experimentais para avaliar as interações alelopáticas entre plantas. *Journal of Chemical Ecology*, 9(8), 945-981. https://doi.org/10.1007/BF00982204

Departamento de Agricultura e Pescas, (2016). *Plantas invasoras sujeitas a restrições: Sicklepod* (*Senna obtusifolia*), *foetid senna (Senna tora) e hairy senna* (*Senna hirsuta*). The State of Queensland, www.biosecurity.qld.gov.au

De Wit H C D (1955) *Revision of the genus Cassia as occurring in Malaysia*; Webbia 11 197-222

De Wit, C. T. (1960). *Sobre a concorrência* (n.º 66.8). Pudoc.

De Wit, C. T., & Van den Bergh, J. P. (1965). Competição entre plantas herbáceas. *Journal of Agricultural Science*, 13, 212-221.

DGEAP, (Diretion Générale des Espaces et Aménagements Pastoraux). (2011). *Atelier nacional sobre os espaços pastoris no Burkina Faso* (p. 35).

Diagne, C., Leroy, B., Vaissière, A.-C., Gozlan, R.E., Roiz, D., Jarić, I., Salles, J.-M., Bradshaw, C.J.A., & Courchamp, F., (2021). Custos econômicos altos e crescentes de invasões biológicas em todo o mundo. *Nature* 592, 571-576. https://doi.org/10.1038/s41586-021-03405-6

Díaz S., Settele J., Brondízio E., Ngo H., Guèze M., Agard J., Arneth A., Balvanera P., Brauman K., Butchart S., Chan K., Garibaldi L., Ichii K., Liu J., Subrmanian S., Midgley G., Miloslavich P., Molnár Z., Obura D., Pfaff A., Polasky S., Purvis A., Razzaque J., Reyers B., Chowdhury R., Shin Y., Visseren-Hamakers I., Wilis K., & Zayas C., (2019). Resumo para os decisores políticos do relatório de avaliação global sobre a biodiversidade e os serviços ecossistémicos da Plataforma Intergovernamental Científica e Política sobre Biodiversidade e Serviços Ecossistémicos (Relatório do Projeto). *IPBES*

Diez, J. M., D'Antonio, C. M., Dukes, J. S., Grosholz, E. D., Olden, J. D., Sorte, C. J., Blumenthal, D. M., Bradley, B. A., Early, R., Ibáñez, I., Jones, S. J., Lawler, J. J., & Miller, **L.** P. (2012). Os eventos climáticos extremos facilitarão as invasões biológicas? *Frontiers in Ecology and the Environment,* 10(5), 249-257. https://doi.org/10.1890/110137

Dirar HA (1984). Kawal, substituto de carne a partir de folhas fermentadas de Cassia obtusifolia. *Economia da Botânica* 38:342-349

Doll, J. D., Piedrahíta Castañeda, W., & Argel M, P. J. (1976). Capacidad germinativa de semillas de 32 especies de malezas. *Revista comalfi.*

Dorning M., & Cipollini D., (2006). Extractos de folhas e raízes do arbusto invasor Lonicera maackii inibem a germinação de sementes de três ervas sem efeitos autotóxicos. *Ecologia Vegetal* 184:287-296

Doughari, J. H., El-Mahmood, A. M., & Tyoyina, I. (2008). Atividade antimicrobiana de extractos de folhas de *Senna obtusifolia* (L). *Jornal Africano de Farmácia e Farmacologia*, 2(1), 7-13.

Drabo, B., Grell , H., & Poda , A. (2001). Gestion concertée des ressources agropastorales: cas du Sahel Burkinabé.in E. Tielkes, E. Schlecht, & P.Hiernaux, Elevage et gestion de parcoursau Sahel, implications pour ledéveloppement (p. 15). Beuren-Stuttgart, Alemanha: Verlag Ulrich E. Grauer.

Dunlop, E. A., Wilson, J. C., & Mackey, A. P. (2006). A distribuição geográfica potencial da planta daninha invasora *Senna obtusifolia* na Austrália. *Weed Research*, *46*(5), 404-413.

Egley GH, & Chandler JM, (1978). Germinação e viabilidade de sementes de ervas daninhas após 2,5 anos em um estudo de 50 anos de sementes enterradas. *Weed Science*, 26(3):230-239.

Egley, G. H. & J. M. Chandler (1983). Longevidade das sementes de ervas daninhas após 5,5 anos no estudo Stoneville 50-year buried-seed. *Weed Sciences*. 31:264- 270.

Eisenhauer, N., & Scheu, S. (2008). As minhocas como motores da competição entre gramíneas e leguminosas. *Soil Biology and Biochemistry,* 40(10), 2650-2659. https://doi.org/10.1016/j.soilbio.2008.07.010

Eklu-Natey R. D. & Balet A., (2012). *Dicionário Pharma-copée Africaine e Monografias Multilingues do Potencial Medicinal das Plantas Africanas*. África Ocidental. Vol 2. Édition d'en bas- Traditions et Médecines. T& M Genebra ISBN, 978-2-8290-0433-9.

Ekué, M. R., Sinsin, B., Eyog-Matig, O., & Finkeldey, R. (2010). Usos, gestão tradicional, perceção de variação e preferências em traços de frutos de ackee (Blighia sapida KD Koenig) no Benim: Implicações para a domesticação e conservação. *Jornal de Etnobiologia e Etnomedicina*, 6(1), 1-14.

El-Barougy, R., MacIvor, J. S., Arnillas, C. A., Nada, R. M., Khedr, A.-H. A., & Cadotte, M. W. (2020). Riqueza, diversidade filogenética e abundância têm efeitos positivos no desempenho do invasor em um ecossistema árido. *Ecosphere*, 11(2), e03045. https://doi.org/10.1002/ecs2.3045

Essl, F., Bacher, S., Genovesi, P., Hulme, P.E., Jeschke, J.M., Katsanevakis, S., Kowarik, I., Kühn, I., Pyšek, P., Rabitsch, W., Schindler, S., van Kleunen, M., Vilà, M., Wilson, J.R.U., & Richardson, D.M., (2018). Quais taxa são alienígenas? Critérios, aplicações e incertezas. *BioScience* 68, 496-509. https://doi.org/10.1093/biosci/biy057

Ewart A, (1908). *On the longevity of seeds. Actas da Sociedade Real de Vitória*, 21:1-210.

FAO (Organização das Nações Unidas para a Alimentação e a Agricultura), (1992). *Guia de manuseamento de sementes florestais*. Ed. Roma (Itália) (8) : 203-235.

FAO, 2019. *O futuro da produção animal no Burkina Faso. Desafios e oportunidades face às incertezas*. Roma. 56 p. Licença: CC BY-NC-SA 3.0 IGO.

Ferner, J., Linstädter, A., Südekum, K.-h., & Schmidtlein, S. (2015). Indicadores espectrais da qualidade da forragem nas savanas tropicais da África Ocidental. *International Journal of Applied Earth Observation and Geoinformation*, 41, 99 -106.

Figuiere F., Marnotte P., Le Bourgeois T., & Carrara A., (1998). Chave de determinação para oito espécies do género cassia L. (Caesalpiniaceae), ervas daninhas da África Ocidental. *Agriculture et développement*, n°19-setembro 1998.

Fischer, R. A., & Maurer, R. (1978). Resistência à seca em cultivares de trigo de primavera. I. Respostas de rendimento de grãos. *Australian Journal of Agricultural Research*, 29(5), 897-912. https://doi.org/10.1071/ar9780897

Fontes J., & Guinko S., (1995). *Mapa de vegetação e uso do solo do Burkina Faso*. Nota explicativa. Toulouse, França, Ministério da Cooperação Francês, projeto Campus, 68 p.

Fournier A., (1983). Contribuição para o estudo da vegetação herbácea das savanas de Ouango-Fitini (Costa do Marfim). *Candollea*, 38:237-265.

Fournier, A. (1991). *Fenologia, crescimento e produção de culturas em algumas savanas da África Ocidental: variação ao longo de um gradiente climático*.

Fournier, A. (1994). Cycle Saisonnier Et Production Nette. *Ecologie*, 25(3), 173-188.

Fowler, N. (1982). Competição e coexistência numa pastagem da Carolina do Norte: III. Misturas de espécies componentes. *Journal of Ecology*, 70(1), 77-92. JSTOR. https://doi.org/10.2307/2259865

Fried G., (2019). *Apports des approches fonctionnelles pour l'évaluation des risques associés aux changements de végétation induits par les activités humaines*. Habilitação para dirigir a investigação, Universidade de Montpellier

Funk, J. L., Standish, R. J., Stock, W. D., & Valladares, F. (2016). Traços funcionais de plantas de espécies nativas e invasoras dominantes em ecossistemas de clima mediterrânico. *Ecologia*, 97(1), 75-83.

Gaméné C S., (1987). *Contribuição para a criação de métodos simples de pré-tratamento e de conservação das sementes de algumas espécies lenhosas recolhidas no Burkina Faso*. Dissertação final. IDR, Universidade de Ouagadougou, 94 p.

GAMPINE D., (1992). *Etude de la germination et des plantules de quelques essences spontanées de combretaceae et caesalpiniaceae au Burkina Faso*, dissertation. Instituto do Desenvolvimento Rural (IDR)/Universidade de Ouagadougou, 124p.

Gannouka, N. (2021). *Estudo do potencial das plantas de serviço para melhorar o rendimento do sorgo (Sorghum bicolor L.)*. Universidade Joseph Ki-Zerbo.

García-Llorente, M., Martín-López, B., González, J. A., Alcorlo, P., & Montes, C. (2008). Social perceptions of the impacts and benefits of invasive alien species: Implications for management. *Biological Conservation*, 141(12), 2969-2983.

Gard B., (2012). *Processos ecológicos e evolutivos que influenciam a colonização da artemísia (Ambrosia artemisiifolia L.)* em França. Dijon

Gaoue, O. G., Sack, L., & Ticktin, T. (2011). Impactos humanos na economia das folhas em paisagens heterogéneas: The effect of harvesting non-timber forest products from African mahogany across habitats and climates. *Jornal de Ecologia Aplicada*, 48(4), 844-852.

Gebrekiros M. G., & Tessema Z. K. (2018). Efeito da invasão *de Senna obtusifolia* (L.) na vegetação herbácea e nas propriedades do solo das pastagens no oeste de Tigray, norte da Etiópia. *Ecological Processes*, 7(1). https://doi.org/10.1186/s13717-018-0121-0.

Gebreyesus, G. M. (2017). Perceção dos pastores de gado sobre as causas e efeitos da invasão de *Senna obtusifolia* L. nas pastagens do norte da Etiópia. *Jornal Africano de Investigação Agrícola,* 12(42), 3081-3087.

Guinko S., (1984). *Végétation de la Haute Volta Tese de doutoramento em ciências naturais.* Universidade de Bordeau III. 318 páginas.

Glèlè KaKaï R., SALAKO V. K. & Lykke A. M. (2016). Técnicas de amostragem em levantamentos de vegetação. *Annales des Sciences Agronomiques* 20 - spécial Projet Undesert-UE: 1-13 (2016) ISSN 1659-5009 Google Earth Pro (GEP).

Godefroid S. & Koedam N., (2003). Padrão de distribuição da flora numa floresta periurbana: um efeito do ecótono cidade-floresta. *Landscape and urbain planning*, 65:169-185.

Gomgnimbou, A. P., Bandaogo, A. A., Kalifa, C., Sanon, A., Ouattara, S., & Nacro, H. B. (2019). Efeitos a curto prazo da aplicação de excrementos de aves no rendimento do milho (Zea mays L.) e nas caraterísticas químicas de um solo ferralítico na zona sul do Sudão do Burkina Faso. *Revista Internacional de Ciências Biológicas e Químicas*, 13(4), 2041-2052.

Goudard A., (2007). *Funcionamento dos ecossistemas e invasões biológicas: a importância da biodiversidade e das interações interespecíficas*. Université Pierre et Marie Curie, Paris VI, França, 216 p.

Goudégnon, E. O. A., Vodouhe, F. G., Gouwakinnou, G. N., Salako, V. K., & Oumorou, M. (2018). Diferenças entre gerações e grupos étnicos no conhecimento tradicional e importância cultural de Lannea microcarpa Engl. & K. Krause na savana sudanesa do Benin | *Bois & Forets des Tropiques.* https://doi.org/10.19182/bft2017.334.a31491

Groot, J. R., Traoré, M., & Koné, D. (1998). Description du système racinaire de trois espèces fourragères en zone soudano-sahélienne : *Andropogon gayanus*, *Vigna unguiculata* et *Stylosanthes hamata*. *BASE*.

Grouzis, M. (1984). *Sahelian pastures in northern Burkina-Faso: carrying capacity, frequency of production and forage quality dynamics*, 35p.

Grubben, G. J. H. & Denton, O. A. (2004). Recursos vegetais da África tropical 2. Vegetais. [Recursos vegetais da África tropical 2. Produtos hortícolas. 2004]. *Fundação PROTA*, Wageningen, Países Baixos / Backhuys Publishers, Leiden, Países Baixos / CTA, Wageningen, Países Baixos, 737p

Grüner, E., Wachendorf, M., & Astor, T. (2020). O potencial das informações espectrais e texturais transmitidas por UAV para prever a biomassa acima do solo e a fixação de N em misturas de leguminosas e gramíneas. *PloS one*, *15*(6), e0234703. https://doi.org/10.1371/journal.pone.0234703

Hamilton, A., Shengji, P., Kessy, J. K. A. A., Khan, A. A., Lagos-Witte, S., & Shinwari, Z. K. (2003). *Os objectivos e o ensino da etnobotânica aplicada* (Vol. 11). Organização das Nações Unidas para a Educação, a Ciência e a Cultura (UNESCO).

Hartvigsen, G. (2000). A competição entre plantas co-dominantes das planícies do Serengeti depende da identidade do competidor, da água e da urina. *Plant Ecology*, 148(1), 31-41. https://doi.org/10.1023/A:1009835424490

Hauser, E. W., Buchanan, G. A., & Ethredge, W. J. (1975). Competição de Florida Beggarweed e Sicklepod com Peanuts I. Efeitos de períodos de manutenção sem ervas daninhas ou competição com ervas daninhas. *Weed Science*, 23(5), 368-372. https://doi.org/10.1017/S0043174500062688

He, Y., Liu, X., Wang, M., & Sun, S., (2022). O pastoreio altera o número de emergência de mudas, a dinâmica e a diversidade de plantas herbáceas em um pasto arenoso semiárido. *Ecological Research.* https://doi.org/10.1111/1440-1703.12355

Hellmann, J. J., Byers, E. De J., Bierwagen, B. G., & Ducs, S. De J. (2008). Five potential consequences of climate change for invasive species (Cinco consequências potenciais das alterações climáticas para as espécies invasoras). *Conservation Biology,* 22 (3), 534 -543.

Helsen, K., Smith, S. W., Brunet, J., Cousins, S. A., De Frenne, P., Kimberley, A., ... & Graae, B. J. (2018). Impacto de uma planta exótica invasora na decomposição de lixo ao longo de um gradiente latitudinal. *Ecosphere*, *9*(1),e02097.https://pics.davesgarden.com/pics/2007/08/21/Farmerdill/7f0406.jpg,

Hiernaux, P., Dardel, C., Kergoat, L., & Mougin, E. (2016). Desertificação, adaptação e resiliência no Sahel: Lições da monitorização a longo prazo dos agro-ecossistemas. *Em O fim da desertificação*? (pp. 147-178). Springer.

Higazi, A., & Abubakar Ali, S. (2018). *Pastoralismo e Segurança na África Ocidental e no Sahel: Rumo a uma coexistência pacífica.*

Hilty J (2018) Flores silvestres do Illinois. *Última atualização em* 24 *de outubro* (2018). https://www. illinoiswildflowers.info/prairie/plantx/sicklepodex.htm. Acedido em: 22 de janeiro de 2021

Hobbs, R. J., & Huenneke, L. F. (1992). Disturbance, Diversity, and Invasion: Implications for Conservation (Perturbação, Diversidade e Invasão: Implicações para a Conservação). *Conservation Biology*, 6(3), 324-337.

Holm LG, Pancho JV, Herberger JP, & Plunknett DL (1979) A Geographical Atlas of World Weeds. Malabar, FL: *Krieger Publishing*. 391 p

Holm L, Doll J, Holm E, Pancho J, & Herberger J (1997) World Weeds; Natural Histories and Distribution. Nova Iorque: *John Wiley & Sons* 1,129 p

Holmes, T. P., Aukema, J. E., Von Holle, B., Liebhold, A., & Sills, E. (2009). Impactos económicos de espécies invasoras em florestas no passado, presente e futuro. In: The Year In Ecology and Conservation Biology, 2009. *Annal. Academia de NY. Sciences.* 1162: 18-38., 1162, 18-38. https://doi.org/10.1111/j.1749-6632.2009.04446.x

Holt, J. S. (1995). Plant Responses to Light: A Potential Tool for Weed Management. *Weed Science*, 43(3), 474-482. https://doi.org/10.1017/S0043174500081509

Hopkins G W., (2003). *Plant physiology*, traduzido do inglês por rambour S. Edit. De Boeck, pp. 38 ,58 ,458.

Hopkins, (2013). *Fisiologia Vegetal*, 1ª edição; 513p

Hoveland C S., & Buchanan G A., (1973). Germinação de sementes de ervas daninhas sob seca simulada. *Weed Science*, 21(4) :322-324.

Idrissou Y., Mama Sambo Seidou Y., Assani Seidou A., Sanni Worogo H.S., Assogba B.G.C., Alkoiret Traoré I., & Houinato M., (2020). Influência do pastoreio e do gradiente climático na diversidade floral e na produtividade das pastagens no Benin. *Rev. Elevage. Medecine. Veterinary. Pays Trop*, 73 (3): 000-000, doi: 10.19182/remvt.31894

Inkoto, C. L., Nicole, L., Ashande, C. M., Masens, Y. D.-M., & Mpiana, P. T. (2019). Estudo etnobotânico e florístico de algumas plantas medicinais comercializadas em Kinshasa, República Democrática do Congo. *Revue Marocaine Des Sciences Agronomiques et Vétérinaires*, 7(1).

INRA França. (2017). *Avaliação dos serviços ecossistémicos prestados pelos ecossistemas agrícolas. Componente dos ecossistemas agrícolas da Avaliação Francesa dos Ecossistemas e dos Serviços Ecossistémicos.* Relatório de estudo, 966 p.

INRA (2006). *Seca e agricultura: reduzir a vulnerabilidade da agricultura a um risco acrescido de escassez de água.* Síntese do relatório de perícia científica colectiva, 76p.

INSD (Instituto Nacional da Estatística e da Démografia), (2020). *ÉtudeMonographique sur la Démographie, la Paix et la sécurité Au Sahel Projections démographiques 2007-2020* 407p.

IPBES (2019). *Relatório de avaliação global sobre biodiversidade e serviços ecossistémicos da Plataforma Intergovernamental Científica e Política sobre Biodiversidade e Serviços Ecossistémicos.* Zenodo. https://doi.org/10.5281/Zenodo.3831673

Irwin HS, & Barneby RC (1982). The American Cassiinae. Nova Iorque: *Jardim Botânico* de Nova Iorque 35:1-918

Issaharou-Matchi, I., Barboni, D., Meunier, J.-D., Saadou, M., Dussouillez, P., Contoux, C., & Zirihi-Guede, N. (2016). Variações intraespecíficas de sílica biogénica nas espécies de gramíneas Pennisetum pedicellatum ao longo de um gradiente de evapotranspiração no sul do Níger. *Flora - Morfologia, Distribuição, Ecologia Funcional das Plantas*, 220, 84-93. https://doi.org/10.1016/j.flora.2016.02.008

ISTA (Associação Internacional de Ensaios de Sementes), (2009). *Regras internacionais para o ensaio de sementes. Ciências e Tecnologia das Sementes.* Volume 27.1-10p.

Jabran, K.; Mahajan, G.; Sardana, V.; & Chauhan, B. S. Allelopathy for weed control in agricultural systems. *Crop Protection*, v. 72, n. 1, p. 57- 65, (2015).

Johnson D. E., (1997). *Ervas daninhas na produção de arroz na África Ocidental.* CTA/WARDA, 312p.

Jeangros, B., & Berthola, C. (2002). Evolução a longo prazo de um prado gerido intensivamente após a cessação da fertilização e a redução da frequência de corte. Em Multi-function grasslands: quality forages, animal products and landscapes. Actas da 19ª Reunião Geral da Federação Europeia de Pastagens, La Rochelle, França, 27-30 de maio de 2002 (pp. 794-795). *Comité Organizador da Federação Europeia de Pastagens.*

Kagambèga, W. F., Nana, R., Bayen, P., Thiombiano, A., & Issaka Boussim, J. I. (2019). Tolerância ao défice hídrico de cinco espécies prioritárias para a reflorestação no Burkina Faso. *BASE.* https://doi.org/10.25518/1780-4507.18199

Kadeba, A., Nacoulma, M. I. De B., Ouédraogo, A., Thiombiano, A., & Boussim, I. J. (2015). Mudança de cobertura do solo e diversidade de plantas do Sahel: um estudo de caso do norte do Burkina Faso. *Anais da investigação florestal*, 58 (1), 109 -123.

Kelso, M. A., Wigginton, R. D., & Grosholz, E. D. (2020). Os nutrientes mitigam os impactos da seca extrema nas invasões de plantas. *Ecology,* 101(4), e02980. https://doi.org/10.1002/ecy.2980

Keuskamp, J., Dingemans, B. J. J., Lehtinen, T., Sarneel, M. De J., & Soulever, M. De M. (2013). Tea Bag Index: Uma nova abordagem para reunir dados de decomposição consistentes em todos os ecossistemas. *Métodos em Ecologia e Evolução*, 4 (11), 1070 -1075.

Khatiwada, B., Acharya, S. N., Larney, F. J., Lupwayi, N. Z., Smith, E. G., Islam, M. A., & Thomas, J. E. (2020). Benefícios de pastagens mistas de gramíneas e leguminosas e rejuvenescimento de pastagens usando leguminosas sem inchaço no oeste do Canadá: uma revisão. *Canadian Journal of Plant Science*, 100(5), 463-476.

Kiema A. (2002). *Ressources pastorales et leurs modes d'exploitation dans deux terroirs sahéliens du Burkina Faso*. Dissertação DEA, Universidade Politécnica de Bobo-Diolasso, 65p.

Kiema S. (2007). *Pecuária extensiva e conservação da diversidade biológica nas zonas protegidas do Burkina Faso ocidental. Um olhar sobre a sua história, desafios actuais de gestão, estado e dinâmica da vegetação*. Tese, Universidade de Orléans, 657p.

Kiema, A., Nianogo, A., J., Somda, J., & Ouédraogo, T. (2008). Valorização da *Cassia obtusifolia* L. na alimentação de ovelhas de engorda na região saheliana do Burkina Faso. *Tropicultura,* 2 (2), 98-103.

Kiema A., Nianogo A. J., kabore-Zoungrana C. Y. & Jalloh B. (2012). Efeitos das meias-luas associadas à escarificação na produção de forragem na região do Sahel do Burkina Faso. *International Journal of Biological and Chemical Sciences*, 6(December), 4018-4030. https://doi.org/http://dx.doi.org/10.4314/ijbcs.v6i6.13.

Kiema, A., Tontibomma, G., & Zampaligré, N. (2014). Transumância e gestão dos recursos naturais no Sahel: constrangimentos e perspectivas face às mudanças nos sistemas de produção pastoris. *VertigO: la revue électronique en sciences de l'environnement*, 14(3).

Koura, K., Ganglo, J. C., Assogbadjo, A. E., & Agbangla, C. (2011). Diferenças étnicas nos valores de uso e padrões de uso de Parkia biglobosa no norte do Benim. *Jornal de etnobiologia e etnomedicina*, 7(1), 1-12.

Cousens, R. & O'Neill, M. (1993) Density dependence of replacement series experiments. *Oikos*, 66 (2), 347-352.

Krebs, C., Gerber, E., Matthies, D., & Schaffner, U. (2011). Resistência de herbívoros de espécies invasoras de Fallopia e seus híbridos. *Oecologia,* 167(4), 1041-1052.

Kueffer, C. (2017). *Invasões de plantas no Antropoceno. Science*, 358(6364), 724-725. https://doi.org/10.1111/ddi.12680

Kumar, M., Singh, H., & Singh, V. (2017). Interações competitivas entre arroz e Caesulia axillaris ou Echinochloa crus-galli: um estudo de série de substituição. *Annals of Agricultural & Crop Sciences*, 2(1). https://www.google.com

Kumar, M., Padalia, H., Nandy, S., Singh, H., Khaiter, P., & Kalra, N. (2020). A heterogeneidade espacial da paisagem explica o processo de invasão de plantas? Um estudo de caso de Hyptis suaveolens do Himalaia Ocidental Indiano. *Environmental Monitoring and Assessment*, 191(3), 794. https://doi.org/10.1007/s10661-019-7682-y

Lacroix P., Magnanon S., Geslin J., Hardegen M., Le Bail J. & Zambettakis C. 2007. Plantas invasoras nas regiões da Baixa Normandia, Bretagne e Pays de la Loire. Définitions et clé pour l'élaboration de listes de " plantes invasives ", " potentiellement invasives " ou " à surveiller ", Conservatoire Botanique National de Brest, Document technique Connaissance de la flore, 12 pp. + annexes.

Leal, R. P., Silveira, M. J., Petsch, D. K., Mormul, R. P., & Thomaz, S. M. (2022). O sucesso de uma Poaceae invasora explicado pela resiliência à seca, mas não pela maior habilidade competitiva. *Environmental and Experimental Botany*, 194, 104717.

Leßmeister, A., Bernhardt-Römermann, M., Schumann, K., Thiombiano, A., Wittig, R., & Hahn, K. (2019). Mudanças na vegetação nas últimas duas décadas em um ecossistema de savana da África Ocidental. *Applied Vegetation Science*, 22(2), 230-242. https://doi.org/10.1111/avsc.12428

Le Bourgeois T., (2008). *Plantas invasoras, um grande constrangimento das culturas tropicais: conhecer as infestantes para uma gestão sustentável dos meios cultivados ou naturais.* In: Canne à sucre. CIRAD, Montpellier, 2

Legese, B., & Balew, A. (2021). Mudança no uso e cobertura do solo nas terras baixas da zona de Bale, Etiópia: seus fatores determinantes e impactos da dinâmica das pastagens na mobilidade do gado. *Monitorização e Avaliação Ambiental*, 193(7), 1-17.

Levine, J. M., Adler, P. B., & Yelenik, S. G. (2004). Uma meta-análise da resistência biótica a invasões de plantas exóticas. *Ecology Letters*, 7, 975-989.

Linders, T. E., Bekele, K., Schaffner, U., Allan, E., Alamirew, T., Choge, S. K., & Eschen, R. (2020). The impact of invasive species on social-ecological systems: relating supply and use of selected provisioning ecosystem services. *Ecosystem services*, *41*, 101055. https://doi.org/10.1016/j.ecoser.2019.101055

Tjaden, W. L. (1981). Amaryllis belladonna L. Species plantarum 293, 1753. *Taxon*, *30*(1), 294-298.

Linnaeus C, (1753). *Species Plantarum edição* 1. Estocolmo, Suécia. Volume 67 P. 189- 212

Lei n°034-2002/an sobre a lei de orientação relativa à pastorícia no Burkina Faso.

Lowe S., Browne M., Boudjelas S., & De Poorter M., (2007). 100 of the world's most damaging invasive alien species: a selection from the global invasive species database. Primeira edição. União Internacional para a Conservação da Natureza (IUCN), *Gland, Suíça*, 12 p.

M. F. Obulbiga, C. A. T. Gava, V. Bougouma, H. O. Sanon, D. Kocty, D. Kiemde, A. Coulibaly & M. Diallo, (2018). Efeito do tipo de estacas de palma forrageira (Opuntia ficus-indica (L.) Mill) na capacidade de rebrota e desenvolvimento de plantas em condições de sequeiro no Burkina Faso. *Internacional. Journal of Biology and Chemestry Sciences.* 12(3): 1199-1207.

M. Koutou, M. Sangarél, M. Havard, E. Vall, L. Sanogo, T. Thombiano, & D. S. **Vodouhe** (2016). Adaptação das práticas de criação de gado pelos produtores no oeste do Burkina Faso face às restrições fundiárias e sanitárias. *Agronomie Africaine* 28 (2) : 13 - 24 (2016)

Mackey PA, Miller EN, & Palmer WA (1997) *Sicklepod (Senna obtusifolia) in Queensland-pest status review series land protection.* Department of Natural Resources, Queensland Obtido em 29/02/2015 de file/0011/63875/IPA-Sicklepod-PSA.

Mackey A.P., E.N. Miller, & W. A. P. (2014). Sicklepod (*Senna obtusifolia*) em Queensland. *Série de revisão do status da praga* - Proteção da terra, (setembro), 42p.

Maestre, F. T., Eldridge, D. J., Soliveres, S., Kéfi, S., Delgado-Baquerizo, M., Bowker, M. A., Garcia-Palacios, P., Gaitan, J., Gallardo, A., Lazaro, R., & Berdugo, M. (2016). Estrutura e funcionamento dos ecossistemas de terras secas num mundo em mudança. Tour. *Ecologia. Evolution. System.* , 47, 215 -237.

Magurran A.E., (2004). *Medição da diversidade biológica.* A primer on methods and computing. Jhon Willey & Sons, 1988, Inc.pp 67-103.

Marazzi B, Endress PK, Paganucci De Queiroz L, & Conti E (2006) Phylogenetic relationships within Senna (Leguminosae, Cassiinae) based on three chloroplast DNA regions: patterns in evolution of floral symmetry and extrafloral nectaries. *American Journal of Botany* 93:288-303

Maregesi, S. M., Ngassapa, O. D., Pieters, L., & Vlietinck, A. J. (2007). Levantamento etnofarmacológico do distrito de Bunda, Tanzânia: Plantas usadas para tratar doenças infecciosas. *Jornal de etnofarmacologia*, 113(3), 457-470.

Martin, M. P. L. D., & Field, R. J. (1984). The nature of competition between perennial ryegrass and white clover. *Grass and Forage Science*, 39(3), 247-253. https://doi.org/10.1111/j.1365-2494.1984.tb01689.x

Martin, G. D., & Coetzee, J. A. (2014). Competição entre duas macrófitas aquáticas, Lagarosiphon major (Ridley) Moss (Hydrocharitaceae) e Myriophyllum spicatum Linnaeus (Haloragaceae) como influenciada por sedimentos e nutrientes do substrato. *Aquatic Botany*, 114, 1-11. https://doi.org/10.1016/j.aquabot.2013.11.001

Masengo, C., Bongo, G., Robijaona, B., Ilumbe, G., Koto, J.-P. N., & Mpiana, P. (2021). Etude ethnobotanique quantitative et valeur socioculturelle de Lippia multiflora Moldenke (Verbenaceae) à Kinshasa, République Démocratique du Congo. *Revista Marocaína de Ciências Agronómicas e Veterinárias,* 9(1).

Masson-Delmotte, V., Zhai, P., Pörtner, H. O., Roberts, D., Skea, J., & Shukla, P. R. (2022). *Global Warming of 1.5° C: IPCC Special Report on Impacts of Global Warming of 1.5° C above Pre-industrial Levels in Context of Strengthening Response to Climate Change, Sustainable Development, and Efforts to Eradicate Poverty.* Cambridge University Press.

Maxwell S.L., Fuller R.A., Brooks T.M., &Watson J.E., (2016). Biodiversidade: A devastação de armas, redes e escavadoras. *Nature,* 536 (7615): 143, doi: 10.1038/536143

Mbaye N., Diop A T., Gueye M., Diallo A T., Sall C E., & Samb P I., (2002). Estudo do comportamento germinativo e da inibição tegumentar em ensaios de levantamento de sementes de Zornia glochidiata Reichb. ex DC., leguminosa forrageira. *Revue Élevage. Médecine. Véterinaire Pays Trop*, 55, 1, 47-52.

McGilchrist, C. A., & Trenbath, B. R. (1971). A Revised Analysis of Plant Competition Experiments. *Biometrics*, 27(3), 659-671. JSTOR. https://doi.org/10.2307/2528603

Meekins, J. F., & McCarthy, B. C. (1999). Competitive Ability of Alliaria petiolata (Garlic Mustard, Brassicaceae), an Invasive, Nonindigenous Forest Herb. *International Journal of Plant Sciences,* 160(4), 743-752. https://doi.org/10.1086/314156

MED, (2005). Monografia da província de Comoé. Ministério da Economia e do Desenvolvimento, Burkina Faso. Relatório, 126 p + anexos.

Mefti M., Abdelguerfi A., & Chebouti A., (2001). Etude de la tolérance à la sécheresse chez quelques populations de Medicago truncatula (L.) Gaertn. in: D elgado I. (ed.), Lloveras J. (ed.). Qualidade de inlucerne e medicamentos para a produção animal. *Zaragoza*: CIHEA.

Métro A. e Sauvage Ch. Flore des végétaux ligneux de la Mamora. A natureza de Marrocos I,

1955, 499 páginas.

Meuller-Steover, D.; Nybroe, O.; Baraibar, B.; Loddo, D.; Eizenberg, H.; French, K.; Sønderskov, M.; Neve, P.; Peltzer, D. A.; Maczey, N.; & Christensen, **S.,** (2016). Contribuição do microbioma da semente para o manejo de ervas daninhas. *Weed Research*, v. 56, n. 5, p. 335-339.

Meyer, S. T., Koch, C., &Weisser, W. W. (2015). Rumo a uma avaliação rápida padronizada da função do ecossistema (REFA). *Tendências em Ecologia e Evolução*, 30, 390-397.

Avaliação do Ecossistema do Milénio. (2005). *Ecosystems and Human Well-being: Synthesis (Ecossistemas e Bem-estar Humano: Síntese*). Island Press, Washington, DC, 137p.

Millogo, R. J. (2001). *Homem, clima e recursos alimentares vegetais em períodos de crise de subsistência durante o século XX no Burkina Faso*. Universidade de Ouagadougou.

Ministério dos Recursos Animais (2010). *Política nacional de desenvolvimento sustentável da criação de gado no Burkina Faso*. Relatório, 45p.

MEF (2008). Recenseamento geral da população e da habitação de (2006). INSD, julho de 2008.

Mitja D., & Pascale de Robert, (2004). Agricultores inovadores: uma nova erva nos pastos de Santa Maria (Amazónia brasileira). *Natures Sciences Sociétés* 12, 285-298 (2004) NSS-Dialogues, EDP Sciences 2004 ; DOI: 10.1051/nss:2004040

Moleele, M. De N., Ringrose, S., Matheson, W., & Vanderpost, C. (2002). Woodier plants? bush encroachment status in Botswana's grazing regions. *Jornal de Gestão Ambiental*, 64, 3 -11.

Ministério dos Recursos Animais (MRA). (2016). Recursos Genéticos Animais de Estado e do Burkina Faso de Aquacultura. Relatório Burkina Faso.

Monks, D. W., & Oliver, L. R. (1988). Interações entre cultivares de soja (Glycine max) e ervas daninhas selecionadas. *Weed Science*, 36(6), 770-774. https://doi.org/10.1017/S0043174500075809

Moreshet, S., Bridges, D. C., NeSmith, D. S., & Huang, B. (1996). Effects of Water Deficit Stress on Competitive Interaction of Peanut and Sicklepod. *Agronomy Journal*, 88(4), 636-644. https://doi.org/10.2134/agronj1996.00021962008800040023x*

Moussa B. M., Soumana I., Saley K., Ambouta K. J-M. & Mahamane A. (2018). Diversidade, produtividade e qualidade das pastagens nos ecossistemas dunares do Departamento de Gouré (Níger). *Geo-Eco-Trop*, 42, 2: 285-296.

Muller C., (1986). *Conservação de sementes florestais e quebra de dormência.* Nota técnica. 200-204p.

Muller, S. (2000). Les espèces végétales invasives en France: Bilan des connaissances et propositions d'actions. *Revue d'Ecologie* (La Terre et La Vie), (SUPPL. 7), 53-69.

Nacambo, H., Nanema, K. R., Kiebre, M., Taore, R. E., Sawadogo, N., Ouedraogo, M. H., Tiama, D., Bougma, L. A., & Sombie, P. A. E. D. (2021). Nomenclatura local e usos de *Senna obtusifolia* (L.) em Burkina Faso. *Journal of Applied Biosciences*, 160, 16438-16453. https://doi.org/10.35759/JABs.160.1

Nana R., Tamini Z., Sawadogo M. & Some P.P., (2010). Estudo morfológico comparativo de cinco variedades de quiabo [Abelmoschus esculentus (l.) moench] sujeitas a stress hídrico.*Journal of .Sciences*.Vol.10, N°3 p 28-38

Nacoulma, M., B., I., Ouedraogo, I., Ouedraogo, O., Dimobe, K., & Thiombiano, A., (2019). Fitodiversidade do Burkina Faso em Biodiversidade Global.

Ngom D., Bakhoum A., S. D. & L. E. A. (2012). Qualidade pastoral dos recursos de pastagem na Reserva da Biosfera de Nord Ferlo (Norte do Senegal). *Revista* Internacional *de Ciências Biológicas e Químicas*, 6(fevereiro), 186-201.

Nicolopoulou-Stamati P., Maipas S., Kotampasi C., Stamatis P., & Hens L., (2016). Pesticidas químicos e saúde humana: a necessidade urgente de um novo conceito na agricultura. *Fronteiras em Saúde Pública*, 4:148. doi:10.3389/fpubh.2016.00148

Norsworthy J K., & Oliveira M J., (2006). Germinação e emergência de Sicklepod (*Senna obtusifolia* L.) afetada por factores ambientais e profundidade de sementeira, *Weed Science,* 54:903-909. 2006, 7p.

Nzigidahera B. (2017). *Situação das espécies invasoras no Burundi. Bujumbura*, relatório de consultoria, 76p.55

Obulbiga, M. F., Gava, C. A. T., Bougouma, V., Sanon, H. O., Kocty, D., Kiemde, D., ... & Diallo, M. (2018). Efeito do tipo de estacas de palma forrageira (Opuntia ficus-indica (L.) Mill) na capacidade de rebentação e desenvolvimento de plantas em condições de sequeiro no Burkina Faso. *Revista Internacional de Ciências Biológicas e Químicas*, *12*(3), 1199-1207.

Odadi, W. O., Fargione, J., & Rubenstein, D. I. (2017). Respostas da vegetação, da vida selvagem e do gado à gestão planeada do pastoreio numa paisagem pastoral africana. *Land Degradation & Development,* 28(7), 2030-2038.

Oliveira, M. T., Matzek, V., Medeiros, C. D., Rivas, R., Falcão, H. M., & Santos, M. G. **(2014).** Tolerância ao estresse e capacidade ecofisiológica de uma invasora e uma espécie nativa em uma floresta tropical sazonalmente seca. *Plos one,* 9(8), e105514. https://doi.org/10.1371/journal.pone.0105514

Orgiazzi A., Bardgett R.D., Barrios E., Behan-Pelletier V., Briones M. J. I., Chotte J-L., De Deyn G.B., Eggleton P., Fierer N., Fraser T., H., K., Jeffery S., Johnson N.C., Jones A., Kandeler E., Kaneko N., L., P., Lemanceau P., Miko L., Montanarella L., Moreira F.M.S., R., K.S., Scheu S., Singh B.K., Six, J., van der Putten W.H., & Wall, D. H. (2016). Global Soil biodiversity atlas. Luxemburgo: *Serviço das Publicações da União Europeia,* L-2995 Luxemburgo, Luxemburgo. https://doi.org/10.2788/799182.

Ouédraogo A, Thiombiano A, Hahn- Hadjali K, & Guinko S (2006) Diagnostic de l'état de dégradation des peuplements de quatre espèces ligneuses en zones soudaniennes du Burkina Faso. *Sècheresse* 17: 485-491

Ouédraogo O. (2009). *Fitossociologia, dinâmica e produtividade da vegetação do Parque Nacional de Arly (sudoeste do Burkina Faso).* Tese de doutoramento, Univ. Ouaga, 188 p.

Ouédraogo, A., Lykke, A. M., Lankoandé, B., & Korbéogo, G. (2013). Potenciais para a promoção de produtos oleaginosos identificados a partir do conhecimento tradicional de árvores nativas em Burkina Faso. *Ethnobotany Research and Applications*, 11, 071-083. https://doi.org/org/vol11/i1547-3465-11-071.pdf

Ouédraogo, I., Nacoulma, M. I. De B., Hahn, K., & Thiombiano, A. (2014). Avaliação dos serviços ecossistémicos com base no conhecimento indígena no sudeste do Burkina Faso (África Ocidental). *Revista Internacional de Ciência da Biodiversidade, Serviços e Gestão de Ecossistemas*, 10 (4): 313-321.

Ouédraogo, O., Bondé, L., Boussim, J. I., &Linstädter, A. (2015). Apanhado numa armadilha de perturbação humana. Resposta das árvores da savana tropical ao aumento da pressão do uso da terra. *Ecologia e Gestão Florestal*, 354 : 68-76

Ouedraogo, I., & Ayantunde, A. A. (2019). Produção de biomassa e práticas de gestão em sistemas mistos de culturas-pecuária no Sahel da África Ocidental: Oportunidades e constrangimentos.

Ouedraogo, K., Zare, A., Ouedraogo, O., & Anja, L. (2021). Estratégias de resiliência dos pastores da África Ocidental em resposta aos escassos recursos forrageiros. *Pastoralismo*.

Ouedraogo Mathieu & Thiombiano Taladidia, 'Déterminants socio-économiques des défrichements agricoles en zone sud-soudanienne du Burkina Faso', Économie rurale [Online], 360 | julho-agosto 2017, online 15 de agosto de 2019, acedido em 19 de abril de 2019. URL: http://journals.openedition.org/ economierurale/5278; DOI: 10.4000/economierurale.5278

Ouédraogo P., Traoré S., Nacoulma B. M. I., Daboue E., & Bationo B. A., 2021. Disseminação e germinação de sementes de fezes de gado no Sahel do Burkina Faso. *Bois et Forêts des Tropiques*, 350 : 15-27. Doi : https://doi.org/10.19182/bft2021.350.a36826

Ouoba-Ima, S. (2018). Caraterísticas sociodemográficas e dinâmica de transumância dos pastores Fulani do Nouhao no Burkina Faso. *VertigO: la revue électronique en sciences de l'environnement*, *18*(2).

Parsons WT, & Cuthbertson EG, (1992). Noxious Weeds of Australia (Ervas daninhas nocivas da Austrália). Melbourne, Austrália: Inkata Press.

Pasternak D.L., Woltering A., Nikiema D., Senbeto D., Fatondji J. & Ndjeunga J., (2007). Domesticação de Senna ob-tusifolia, uma importante hortaliça de folha para o Sahel. ISHS ActaHorticulturae 752: *Conferência Internacional sobre Legumes e Leguminosas Indígenas*. Prospeto da Luta contra a Pobreza, a Fome e a Desnutrição.https://doi.org/10.17660/ActaHortic.2007.752.50

Palmer, W. A., & Pullen, K. R. (2001). Os artrópodes fitófagos associados a *Senna obtusifolia (*Caesalpiniaceae) no México e nas Honduras e as suas perspectivas de utilização para controlo biológico. *Controlo Biológico*, 20(1), 76-83

Pardo, J., & VanBuren, R. (2021). Inovações evolutivas que impulsionam a tolerância ao estresse abiótico em gramíneas e cereais C4. *The Plant Cell*, 33(11), 3391-3401. https://doi.org/10.1093/plcell/koab205

Paudel, S., Milleville, A., & Battaglia, L. L. (2018). Respostas de comunidades de plantas aquáticas flutuantes nativas e invasivas ao estresse de salinidade e dessecação nas florestas de várzea costeira do sudeste dos EUA. *Estuários e Costas*, 41(8), 2331-2339. https://doi.org/10.1007/s12237-018-0419-2

Peng, X., Li, J., Sun, L., & Gao, Y., (2022). Impactos do défice hídrico e da irrigação pós-seca na taxa de transpiração, atividade radicular e produção de biomassa de Festuca arundinacea durante a fitoextracção. *Chemosphere*, 294, 133842. https://doi.org/ 10.1016/j.chemosphere.2022.133842

Penning de Vries, F WT, & Djitèye M A., (1982). A produtividade das pastagens do Sahel. Um estudo dos solos, da vegetação e da exploração deste recurso natural. *Relatório de Investigação Agrícola*. 918, Pudoc, Wageningen.

Pereira, H. M., Ferrier, S., Walters, M., Geller, G. N., Jongman, R. H. G., Scholes, R. J., ... & Wegmann, M. (2013). Variáveis essenciais da biodiversidade. *Science*, 339(6117), 277-278.

Peres, M. T. L. P., da Silva Cândido, A. C., Bonilla, M. B., Faccenda, O., & Hess, S. C. (2010). Potencial fitotóxico de Senna occidentalis e *Senna obtusifolia.* Ata Scientiarum. *Ciências Biológicas,* 32(3), 305-309.

Phillips, O., Gentry, A. H., Reynel, C., Wilkin, P., & Gálvez-Durand B, C. (1994). Quantitative ethnobotany and Amazonian conservation. *Conservation biology*, 8(1), 225-248.

Pierre Binggeli (2005), Compêndio de Proteção das Culturas - *Senna obtusifolia* (L.) Irwin & Barneby. P 15

Pindard A., (2000). *A relação entre o stress hídrico e o rendimento do milho em Bresse: que perspetiva de espacialização? Utilização de um simulador de culturas (SnCS).* Tese de engenharia. Instituto Nacional de Ensino Superior Agronómico de Dijon.

(França), 61 p.

Pitelli, R. L. C. M., & Amorim, L. (2003). Efeitos de diferentes períodos de orvalho e temperaturas na infeção de *Senna obtusifolia* por um isolado brasileiro de Alternaria cassiae. *Controlo Biológico*, 28(2), 237-242.

Plano comunal de desenvolvimento da comunidade urbana de Dori (PCD) 2015-2019. julho de 2015. 125p.

Poilecot P., (1995). As Poaceae da Costa do Marfim. Boissiera, Vol 50, 734p.

Poilecot, P. (1999). As Poaceae do Níger: descrição, ilustração, ecologia, utilizações.

Porensky, L. M. (2011). When edges meet: interacting edge effects in an African savanna. *Jornal de Ecologia*, 99(4), 923-934.

Prach, K., & Pyšek, P. (1999). Como é que as espécies dominantes na sucessão diferem das outras? *Journal of Vegetation Science*, 10(3), 383-392.

Pratt C.F., Constantine K.L., & Murphy S.T., (2017). Impactos económicos de espécies exóticas invasoras nos meios de subsistência dos pequenos agricultores africanos. *Segurança Alimentar Global*, 1431-37, doi: ,10.1016/j.gfs.2017.01.011

Prescott, C. E. (2010). Litter decomposition: What controls it and how can we alter it to sequester more carbon in forest soils? *Biogeochemistry*, 101(December 2010), 133-149. https://doi.org/10.1007/s10533-010-9439-0.

Puydarrieux P., & Devaux J. (2013): *Que avaliação económica para os serviços ecossistémicos prestados pelas pastagens na França continental*? Notes et Études Socio-économiques n ° 37, pp. 51-86.

PySek, P. (1995). On the terminology used in plant invasion studies. *Invasões de plantas*: aspectos gerais e problemas especiais, 71-81.

Pyšek P., Davis M.A., Daehler C.C., &Thompson K., (2004). Invasões de plantas e sucessão de vegetação: fechando a lacuna. Bull. *Ecological. Society of America*, 85 (3): 105-109, doi: 10.1890/0012-9623(2004)85[105:PIAVSC]2.0.CO;2

Pyšek, P., Jarošík, V., Hulme, P. E., Kühn, I., Wild, J., Arianoutsou, M., Bacher, S., Chiron, F., Didžiulis, V., & Essl, F. (2010). Disentangling the role of environmental and human pressures on biological invasions across Europe. *Proceedings of the National Academy of Sciences*, 107(27), 12157-12162. https://doi.org/www.pnas.org/cgi/doi/10.1073/pnas.1002314107

Pyšek P., Pergl J., Essl F., Lenzner B., Dawson W., Kreft H., Weigelt P., Winter M., Kartesz J., Nishino M., Antonova L.A., Barcelona J.F., Cabesaz F.J., Cárdenas D., Cárdenas-Toro J., Castaño N., Chacón E., Chatelain C., Dullinger S., Ebel A.L., Figueiredo E., Fuentes N., Genovesi P., Groom Q.J., Henderson L., Inderjit, Kupriyanov A., Masciadri S., Maurel N., Meerman J., Morozova O., Moser D., Nickrent D., Nowak P.M., Pagad S., Patzelt A., Pelser P.B., Seebens H., Shu W., Thomas J., Velayos M., Weber E., Wieringa J.J., Baptiste M.P., &Kleunen M. van, (2017). Flora alienígena naturalizada do mundo: diversidade de espécies, padrões taxonómicos e filogenéticos, distribuição geográfica e hotspots globais de invasão de plantas. *Preslia*, 89 (3): 203-274, doi: 10.23855/preslia.2017.203

Pyšek, P., Hulme, P. E., Simberloff, D., Bacher, S., Blackburn, T. M., Carlton, J. T., Dawson, W., Essl, F., Foxcroft, L. C., & Genovesi, P. (2020). Aviso dos cientistas sobre espécies exóticas invasoras. *Biological Reviews*, 95(6), 1511-1534.

Radosevich, S. R. (1987). Methods to Study Interactions Among Crops and Weeds (Métodos para estudar as interações entre culturas e infestantes). *Weed Technology*, 1(3), 190-198. https://doi.org/10.1017/S0890037X00029523

Rakouth R.B., (1989) *Malagasy leguminosae - Potential for fuel wood and reflorestation. (Resultados preliminares) in tree for development in sub sahara Africa* I.F.S. Kenya, pp. 167-182

Randell BR (1988) *Revision of the Cassiinae in Australia.* I. Senna sect. Chamaefistula. J Adelaide Bot Gard 11:19-49

Randell BR (1995) *Taxonomia e evolução de Senna obtusifolia e S. tora.* J Adelaide Bot Gard 16:55-58

Raunkiaer C., (1934). *As formas de vida das plantas e a geografia estatística das plantas.* Clarendron Press, Oxford, 632 pp.

Equipa RCore, (2021). *Uma linguagem e um ambiente para a computação estatística.* Viena, Áustria, R Foundation for Statistical Computing.

Reid, M. De A., Morin, L., Downey, P. O., Français, K. & Vertu, J. G. (2009). Does invasive management facilitate restoration of normal ecosystems? *Biological Conservation*, 142, 2342 - 2349.

Retzinger EJ Jr (1984) Crescimento e desenvolvimento de selecções de Cassia obtusifolia. *Ciência das infestantes* 32:608-611

Pitelli R.L.C.M.; & Amorim L., (2003). Efeitos de diferentes períodos de orvalho e temperaturas na infeção de *Senna obtusifolia* por um isolado brasileiro de Alternaria cassia. *Controle Biológico* 28 (2003) 237-242.

Richardson D. M., Pysek P., Rejmanek M., Barbour M. G., F. D. P. & C. J. W. (2000). Naturalização e invasão de plantas exóticas: Conceitos e definições. *Diversity and Distributions*, 6(2), 93-107. https://doi.org/10.1046/j.1472-4642.2000.00083-x.

Roush, M. L., & Radosevich, S. R. (1985). Relações entre o crescimento e a competitividade de quatro ervas daninhas anuais. *Journal of Applied Ecology*, 22(3), 895-905. JSTOR. https://doi.org/10.2307/2403238

Roussel, S., &Triolo, J., (2016). *Bilan des opérations de lutte contre les plantes exotiques envahissantes menées par l'Office National des Forêts entre 2004 et 2013.* Direção regional da ONF da Reunião, Saint-Denis, Reunião.

Saidou, W., Adama, K., Balé, B., & Amadou, T. (2015). Atividade anti-helmíntica comparativa in vitro sobre Hæmonchus contortus de duas forragens normais (casse obtusifolia e Piliostigma reticulatum). Extractos utilizados no Burkina Faso, *revista internacional de agricultura e silvicultura* 5 (2), 146 -150.

Salmi M.,(2015). *Caracterização morfo-fisiológica e bioquímica de algumas gerações F2 de trigo duro (Triticum durum Desf.) em condições semi-áridas.* Magister enagronomie. Université Ferhat Abbas Sétif 1 Faculté des Sciences de la Nature et de la Vie.124p

Sanfo, A., Nouhoun, Z., & Kulo, E. (2020). Análise das preferências dos agro-pastoris para a produção e conservação de forragens com base em variedades melhoradas de culturas de dupla finalidade em duas zonas agro-ecológicas no Burkina Faso. *Jornal de Ciências Animais e Vegetais*, 46(3), 8318-8335.

Santiago L S., Kitajima K., Wright S J., & Mulkey S S., (2004). Mudanças coordenadas na fotossíntese, relações hídricas e caraterísticas nutricionais das folhas das árvores de copa ao longo de um gradiente de precipitação na floresta tropical de planície. *Oecologia,* 139: 495-502.

Sare S. (2004). *Potentialités fourragères et effets de l'élevage extensif sur la diversité végétale dans la réserve de Biosphère de la mare aux hippopotames (ouest Burkinabé).* Tese de engenharia, IDR, Bobo-Diolasso, 92p.

Sarkar, E., Nath Chatterjee, S., & Chakraborty, P. (2012). Efeito da alelopatia de cassia tora na germinação de sementes e crescimento de mostarda. *Turkish Journal of Botany*, 36, 488 -494.

Savić, A., Oveisi, M., Božić, D., & Pavlović, D., (2021). Competição entre Ambrosia artemisiifolia e Ambrosia trifida: Existe a ameaça de um concorrente mais forte? *Pesquisa de ervas daninhas*, 61 (4), 298-306. https://doi.org/10.1111/wre.12479

Sawadogo I. (2011). *Recursos forrageiros e representações dos pastores, evolução das práticas pastoris num contexto de área protegida: Cas du terroir de Kotchari à la périphérie de la réserve de biosphère du W au Burkina Faso. Ambiente e Sociedade.* Tese de doutoramento do Museum national d'histoire naturelle - MNHN PARIS, 2011. Francês. <tel-00708327>, 336p.

Schmidt, M., Kreft, H., Thiombiano, A., & Zizka, G. (2005). Colecções de herbário e mapas de diversidade vegetal baseados em dados de campo para o Burkina Faso. *Diversidade e Distribuições*, 11(6), 509-516.

Schmidt, M., Thiombiano, A., Zizka, A., König, K., Brunken, U., & Zizka, G. (2011). Modelos de caraterísticas funcionais de plantas na biogeografia de gramíneas da África Ocidental (Poaceae). *Africano. Journal of Ecology*. 49, 490 -500.

Shackleton, S. E., & Shackleton, R. T. (2018). Conhecimento local sobre serviços e desserviços ecossistémicos de plantas exóticas invasoras no árido Kalahari, África do Sul. *Jornal de ambientes áridos*, 159, 22-33.

Shackleton, R. T., Richardson, D. M., Shackleton, C. M., Bennett, B., Crowley, S. L., Dehnen-Schmutz, K., Estévez, R. A., Fischer, A., Kueffer, C., & Kull, C. A. (2019). Explicando as percepções das pessoas sobre espécies exóticas invasoras: uma estrutura conceitual. *Journal of Environmental Management*, 229, 10-26.

Seebens, H., Blackburn, T.M., Dyer, E.E., Genovesi, P., Hulme, P.E., Jeschke, J.M., Pagad, S., Pyšek, P., Winter, M., Arianoutsou, M., Bacher, S., Blasius, B., Brundu, G., Capinha, C., Celesti-Grapow, L., Dawson, W., Dullinger, S., Fuentes, N., Jäger, H., Kartesz, J., Kenis, M., Kreft, H., Kühn, I., Lenzner, B., Liebhold, A., Mosena, A., Moser, D., Nishino, M., Pearman, D., Pergl, J., Rabitsch, W., Rojas-Sandoval, J., Roques, A., Rorke, S., Rossinelli, S., Roy, H.E., Scalera, R., Schindler, S., Štajerová, K., Tokarska-Guzik, B., van Kleunen, M., Walker, K., Weigelt, P., Yamanaka, T., & Essl, F., (2017). Não há saturação na acumulação de espécies exóticas em todo o mundo. *Nature Communications* 8, 14435. https://doi.org/10.1038/ncomms14435

Senseman, S. A. & L. R. Oliver (1993). Padrões de floração, produção de sementes e polimorfismo somático de três espécies de ervas daninhas. *Weed Sci*. 41: 418-425.

Shackleton, S. E., & Shackleton, R. T. (2018). Conhecimento local sobre serviços e desserviços ecossistémicos de plantas exóticas invasoras no árido Kalahari, África do Sul. *Jornal de ambientes áridos,* 159, 22-33.

Shackleton, R. T., Larson, B. M. H., Novoa, A., Richardson, D. M., & Kull, C. A. (2019). As dimensões humanas e sociais da ciência e gestão de invasões. *Journal of Environmental Management,* 229, 1-9. https://doi.org/10.1016/j.jenvman.2018.08.041

Schmidt, M., Thiombiano, A., Zizka, A., König, K., Brunken, U., & Zizka, G. (2011). Padrões de caraterísticas funcionais das plantas na biogeografia das gramíneas da África Ocidental (Poaceae). *Revista Africana de Ecologia* 49, 490-500.

Sheley, R. L., & Krueger-Betterave forage, J. (2003). Princípios para a restauração de áreas infestadas por plantas invasoras. *Weed Science*, 51, 260 -265.

Sieza, Y., Gomgnimbou, A. P., Serme, I., & Belem, A. (2019). Estudo da variabilidade climática sobre a dinâmica de ocupação e uso da terra para fins agro-pastoris na zona sul do Sudão do Burkina Faso. *Revista Internacional de Ciências Biológicas e Químicas*, 13(4), 1980-1994.

Sinsin B (2001) Form de vie et diversité spécifique des associations de forets claires du Nord du Benin. *Syst. Georg. Pl.* 71 :873-888.

Sirima k. Maximin, (2022*). Os estados do Sahel enfrentando o teste da hidra terrorista de 2015 a 2022.* Revista Universidade sem Fronteiras para a Sociedade Aberta (RUFSO).

Slama A., Salem M B., Naceur M B., & Zid E., (2005). Les céréales en Tunisie : production, effet de la sécheresse et mécanismes de résistance. *Sécheresse* vol. 16, n° 3, septembre 2005, 5p.

Smit, G. N. (2004). Uma abordagem de árvores de desbaste para estruturar as savanas da África Austral para a restauração a longo prazo da invasão de arbustos. *Jornal de Gestão Ambiental,* 71, 179 - 191.

Solbrig, O. T., Curtis, W. F., Kincaid, D. T., & Newell, S. J. (1988). Estudos sobre a Biologia Populacional do Género Viola. VI. A Demografia de V. Fimbriatula e V. Lanceolata. *Journal of Ecology*, 76(2), 301-319. JSTOR. https://doi.org/10.2307/2260595

Solomon, G. (2015). Perceção da comunidade sobre a degradação das pastagens: um estudo de caso em duas áreas diferentemente povoadas do norte da Etiópia. *Jornal de Investigação e Desenvolvimento Agrícola*, 5(1), 101-107.

Solomon G, &Yayneshet T (2014) Respostas da vegetação das pastagens à colonização nas pastagens semi-áridas do norte da Etiópia. *Revista académica de ciências agrícolas* 4:587-595

Some N. A., Traoré K., Traoré O., & Tassembedo M. (2007). Potencial de pousios artificiais com Andropogon spp. para melhorar as propriedades químicas e biológicas dos solos na zona sudanesa (Burkina Faso). *Biotecnologia, Agronomia e Sociedade e Ambiente*, 11(3), 351-357.

Somers, B., & Asner, P. G. (2013). Análise multitemporal hiperespectral e seleção de modo de mistura para rastreador de espécies invasoras em florestas tropicais. *Sensoriamento Remoto do Meio Ambiente,* 136, 14 -27.

Sop, T. K., Oldeland, J., Bognounou, F., Schmiedel, U., & Thiombiano, A. (2012). Conhecimento etnobotânico e valorização de espécies de plantas lenhosas: Uma análise comparativa de três grupos étnicos do sub-Sahel do Burkina Faso. *Ambiente,*

Desenvolvimento e Sustentabilidade, 14(5), 627-649. https://doi.org/10.1007/s10668-012-9345-9

Souley, M. S., Kiari, S. A., Morou, B., Synnevag, G., & Aune, J. B. (2020). A perceção dos agricultores sobre a sida cordifolia e os factores socioeconómicos que influenciam a adoção do seu composto no Níger ocidental e central.

SP/CONEDD: Secretariado Permanente do Conselho Nacional do Ambiente e do Desenvolvimento Sustentável (2010). Quarto relatório nacional do Burkina Faso sobre a diversidade biológica. Ouagadougou, 119p.

SP/CONEDD: Secretariado Permanente do Conselho Nacional do Ambiente e do Desenvolvimento Sustentável (2014). Quinto relatório nacional do Burkina Faso sobre a diversidade biológica. Ouagadougou, 104p.

Sy, A., Grouzis, M., Danthu, P. (2001). Short communication: Seed germination of seven Sahelian legume species. *Journal des environnements arides*, 49, 875 -882.

Synowiec, A., Jop, B., Domaradzki, K., Podsiadło, C., Gawęda, D., Wacławowicz, R., & Praczyk, T. (2021). Efeitos de fatores ambientais na competição do trigo de inverno com bentgrass sedoso resistente a herbicidas ou suscetível (Apera spica-venti L.) na Polônia. *Agronomia*, 11(5), 871.

Tassin J., Thompson K., Carroll S.P., Thomas C.D., & (2017). Determinar se os impactos das espécies introduzidas são negativos não pode ser baseado apenas na ciência: uma resposta a Russell e Blackburn. *Tendências em Ecologia e Evolução,* 32 (4): : e00001230-231

Teem, D. H., Hoveland, C. S., & Buchanan, G. A. (1980). Sicklepod (Cassia obtusifolia) e coffee senna (Cassia occidentalis): distribuição geográfica, germinação e emergência. *Weed Science*, 28(1), 68-71.

Teem, D. H., Hoveland C. S., & Buchanan G. A. (1974). Alongamento da raiz primária de três espécies de ervas daninhas. *Ciência das ervas daninhas.* 22:47-50.

Thevenot J. (coord.) (2013). Síntese e reflexões sobre as definições relativas às invasões biológicas. Preâmbulo das acções da estratégia nacional sobre as espécies exóticas invasoras (EEI) com impacto negativo na biodiversidade. Relatório SPN 2013/15, Muséum National d'Histoire Naturelle, Service du Patrimoine Naturel, Paris, 31 p.

Thiombiano D., (2008). *Etude de trois espèces à tendance prolifique et envahissante dans la province du Boulkiemdé : Essai de valorisation (Burkina Faso).* Tese de doutoramento em Engenharia Florestal e da Água, IDR/UPB, 127P.

Thiombiano N., Ouedraogo L.R., Belem M., & Guinko S., (2009). Dinâmica evolutiva e impacto de uma planta invasora no Burkina Faso: Hyptis suaveolens (l.) Poit. Ann Univ Lomé Togo *Série* Sciences, 1897-115

Thiombiano A. & Kampmann D. (2010*). Atlas da Biodiversidade da África Ocidental, Volume II: Burkina Faso*. Ouagadougou & Frankfurt/Main. Ouagadougou e Frankfurt. 592p.

Thiombiano, A., Schmidt M., Dressler, S., Hahn, K., & Zizka, G. (2012). *Catálogo das plantas vasculares do Burkina Faso*. Boissiera 65, 391p.

Tordoni, E., Petruzzellis, F., Nardini, A., Savi, T., & Bacaro, G. (2019). Simplifique: as espécies exóticas diminuem a diversidade funcional das comunidades vegetais costeiras. *Jornal de Ciência da Vegetação*, 30(3), 498-509.

Traoré M., (1996). *Utilisation des éléments nutritifs par une graminée pérenne : Andropogon gayanus*, Tese para a obtenção do título de Doutor em Ciências, Opção: Produção de Quadrados no Instituto Superior de Formação e de Investigação Aplicada, Instituto de Economia Rural (IER), 165p.

Traore L., Ouédraogo I., Ouedraogo A., & Thiombiano A., (2011). Percepções, usos e vulnerabilidade dos recursos vegetais lenhosos no sudoeste do Burkina Faso. *Revista Internacional de Ciências Biológicas e Químicas*, 5(1), 258-278. https://doi.org/10.4314/ijbcs.v5i1.68103.

Traoré, S., Thiombiano, L., Bationo, B. A., Kögel-Knabner, I., & Wiesmeier, M. (2020). Distribuição fracionada de carbono orgânico e saturação em solos tropicais de savanas da África Ocidental com composição mineral contrastante. *Catena*, 190, 104550.

Tresch e Fliessbach (2017). *Investigação da decomposição usando saquinhos de chá. Nota técnica da Fertil Crop.* Descarregar de www.fertilcrop.net, 4p.

Triplet, P. (2012). *Manuel de gestion des aires protégées d'Afrique francophone.* Awely, Paris, 2009. <hal-00669157>. pp.1215.

Tungate KD, Susko DJ, & Rufty TW (2002) A reprodução e a competitividade da descendência de *Senna obtusifolia* são influenciadas pela disponibilidade de nutrientes.*New Phytol* 154:661-669

Tye A, Soria MC, & Gardener MR (2003) A strategy for Galapagos weeds. In: Veitch CR, Clout MN (eds) Turning the tide: the eradication of invasive species. *Actas da conferência internacional sobre erradicação de invasoras insulares.* IUCN, Gland, pp 336-341

IUCN, (2004). *Prevenção e gestão de espécies exóticas invasoras: Implementação da cooperação na África Ocidental.* Actas de um Workshop Regional, 117p.
UICN-Burkina Faso (2015). *Avaliação do estado geral dos recursos pastoris no Burkina Faso Ouagadougou, Burkina Faso*: IUCN. 118 p.

IUCN. (2017). *Estudo sobre a realização e documentação da situação de referência da floresta comunal de Dori e da sua zona de influência.* A floresta do norte do primeiro Cordon Dunaire do Burkina Faso. Burkina Faso IUCN.79 p.

Upadhyaya SK, & Singh V, (1986). Phytochemical evaluation of Cassia obtusifolia L. and Cassia tora L. *Proceedings of the Indian Academy of Sciences, Plant Sciences*, 96(4):321-326.

Vallé C., Blodeau G. e Lanaudière C. J., (1999). *Técnicas de cultura multicelular.* Imprensa da Universidade de Laval. 394p

Valéry L., (2006). *Approche systémique de l'impact d'une espèce invasive: le cas d'une espèce indigène dans un milieu en voie d'eutrophisation.* Tese de doutoramento em Ecologia, Paris, Muséum national d'histoire naturelle, Paris, França, 276 p.

Valery L., Fritz H., Lefeuvre J.-C. & Simberloff D. (2008). - Em busca de uma definição real do próprio fenómeno da invasão biológica. *Biological Invasions* 10: 1345-1351.

Vankat, J. L., & Graham, R. D. (2002). Landscape invasion by exhotic species: Gützweiler, K. J. (ED), Applying landscape ecology in biological conservation. *Biology Conservation*. Springer, Nova Iorque, 171-191.

Vila, M., & Ibáñez, I., (2011). Invasões de plantas na paisagem. *Landscape ecology* 26, 461-472.

Voss, K. A., & Bernecke, L. H. (1991). Efeitos toxicológicos e hematológicos das sementes de foice (cassia obtusifolia) em ratos Sprague-Dawley: um estudo de alimentação sub-crónica. *Toxicon*, 29: 1329-1336.

Waddell, E. H., Banin, L. F., Fleiss, S., & Hill, J. K., (2020). A mudança no uso da terra e a pressão de propágulos promovem invasões de plantas em remanescentes de floresta tropical. *Landscape Ecology*, *35*(9), 1891-1906. https://doi.org/10.1007/s10980-020-01067-9

Wagh, V. V., & Jain, A. K. (2018). Status de plantas invasoras etnobotânicas no oeste de Madhya Pradesh, Índia. *South African Journal of Botany*, 114, 171-180. https://doi.org/10.1016/j.sajb.2017.11.008

Walker, E. R., & Oliver, L. R. (2008). Translocação e absorção de glifosato em foice florida (*Senna obtusifolia*). *Weed Science*, v. 56, n. 3, p. 338-343,

Walsh, J. R., Carpenter, S. R., & Vander Zanden, M. J. (2016). As espécies invasoras desencadeiam uma perda maciça de serviços ecossistémicos através de uma cascata trófica. *Actas da Academia Nacional de Ciências*, 113(15), 4081-4085.

Wang, J., Fan, X., Fan, J., Zhang, C., & Xia, F. (2012). Efeito da competição acima do solo na partição da biomassa do pinheiro coreano do sub-bosque (Pinus koraiensis). Shengtai Xuebao/Ata *Ecologica Sinica*, 32(8), 2447-2457.

Wardle, D. A., Bardgett, R. D., Callaway, R. M., & Putten, W. H. V. der. (2011). Terrestrial Ecosystem Responses to Species Gains and Losses (Respostas do Ecossistema Terrestre a Ganhos e Perdas de Espécies). *Science*, 332(6035), 1273-1277. https://doi.org/10.1126/science.1197479

Webster, T. M., & Macdonald, G. E. (2001). A Survey of Weeds in Various Crops in Georgia. *Weed Technology*, 15(4), 771-790. https://doi.org/10.1614/0890-037X(2001)015[0771:Asowin]2.0.CO;2

Weigelt, A., & Jolliffe, P. (2003). Índices de competição entre plantas. *Journal of Ecology*, 91(5), 707-720. https://doi.org/10.1046/j.1365-2745.2003.00805.x

Wenda-Piesik, A., Synowiec, A., Marcinkowska, K., Wrzesińska, B., Podsiadło, C., Domaradzki, K., .& Kwiecińska-Poppe, E. (2022). Competição intra e interespécies de capim-preto e trigo no contexto da resistência a herbicidas e condições ambientais na Polónia. *Relatórios Científicos*, 12(1), 1-16

White F (1986). *A vegetação de África. Memorando que acompanha o mapa de vegetação de África*. Unesco/AETFAT /UNSO, OROSTOM.

Wiegand, K., Saltz, D., & Salle, D. (2006). *A piece-dynamics approach to savanna dynamics and woody* encroachment-plant *insights* from an arid savanna. Perspectivas em fitoecologia, evolução e sistemática, 7, 229 -242.

Wickert, K. L., O'Neal, E. S., Davis, D. D., & Kasson, M. T. (2017). Produção de sementes, viabilidade e limites reprodutivos do invasor Ailanthus altissima (Tree-of-Heaven) em ambientes invadidos. *Forests*, 8(7), 226. https://doi.org/10.3390/f8070226

Wijewardana, C., Alsajri, F. A., Irby, J. T., Krutz, L. J., Golden, B., Henry, W. B., Gao, W., & Reddy, K. R. (2019). Avaliação fisiológica do déficit hídrico na soja usando o potencial hídrico da folha do meio-dia e caraterísticas espectrais. *Jornal de Interações Vegetais*, 14(1), 533-543.

Willey, R. W., & Rao, M. R. (1980). Uma proporção competitiva para quantificar a competição entre intercrops†. *Experimental Agriculture*, 16(2), 117-125. https://doi.org/10.1017/S0014479700010802

Williams, A. P., & Chasse, E. De J. R. (2002). Assessment of spurge foliage cover from hyperspectral imagery employing mixture matched filtering. *Remote sensing of the environment*, 82, 446 - 456.

Williamson M. H. & Fitter A. (1996). The characters of successful invaders. *Biological Conservation* 78 (1996) 163-170. www.teatime4science.org

Wittig, R., König, K., Schmidt, M., & Szarzynski, J. (2007).A study of climate change and anthropogenic impacts from West Africa, Environmental Science and Pollution Research - International, *Weed Science.* 14 (3), 182 -189.

Wright, S. R., Raper, C. D. Jr. e Ruffy, T. W. Jr. 1999. Respostas comparativas da soja (*Glycine max*), da foice (*Senna obtusifolia*) e do amaranto de Palmer (*Amaranthus palmeri*) às temperaturas da zona radicular e da parte aérea. *Ciência das Plantas Daninhas*. 47:167-174.

Wu, J., Wang, J., Hui, W., & Zhao, F., (2022). Fisiologia das respostas das plantas ao stress hídrico e genes relacionados: *uma revisão. Forests*, 13(2), 324. https://doi.org/10.3390/f13020324

Yameogo G., Kiema A., Yelemou B., & Ouedraogo L. (2013). Caraterísticas dos recursos forrageiros herbáceos das pastagens naturais no terroir de Vipalogo (Burkina Faso). *Revista Internacional de Biologia e* Ciências *Químicas* 7(5): 2078-2091.*

Yang, X., Zhang, W., & He, Q. (2019). Efeitos da competição intraespecífica no crescimento, arquitetura e alocação de biomassa de Quercus Liaotungensis. *Journal of Plant Interactions*, 14(1), 284-294. https://doi.org/10.1080/17429145.2019.1629656

Yang, X., Lu, M., Wang, Y., &Wang, Y., (2021). Mecanismo de resposta das plantas ao stress da seca. *Horticulturae*, 7(3), 50. https://doi.org/10.3390/horticulturae7030050

Yohann.S. (2015). *Guia prático para a deteção precoce e a resposta rápida às espécies exóticas invasoras nas coletividades francesas ultramarinas*. Princípios gerais, diretrizes e opções de implementação. Comité Francês da UICN, Paris, França, 75 p. ISBN : 978-2-918105-47-3

Yu, H., Shen, N., Yu, S., Yu, D., & Liu, C. (2018). Respostas da espécie nativa Sparganium angustifolium e da espécie invasora Egeria densa ao aquecimento e à competição interespecífica. *PloS one*, 13(6), e0199478.

Zampaligre, N., Kagambega, F. W., Zida, D., Traore, C. T., & Sawadogo, L. (2020). Composição florística, diversidade e estrutura de plantas lenhosas de savana pastoreada: o caso da zona silvopastoril de Dinderesso, Burkina Faso. *Afrique Science*, 16(1), 78-91.

Zand, E., & Beckie, H. J. (2002). Capacidade competitiva de canola híbrida e de polinização aberta (Brassica napus) com aveia selvagem (Avena fatua). *Canadian Journal of Plant Science*, 82(2), 473-480. https://doi.org/10.4141/P01-149

Zerbo I. (2011). *Dinâmica espácio-temporal e produtividade das pastagens Sudano-Sahelianas e Sudanianas no Burkina Faso*. Tese de mestrado em Ciências Biológicas Aplicadas, Universidade de Ouagadougou. 61p.

Zerbo, I., Bernhardt-Römermann, M., Ouédraogo, O., Hahn, K., & Thiombiano, A. (2016). Efeitos do clima e do uso do solo na riqueza de espécies herbáceas e na composição da vegetação em ecossistemas de savana da África Ocidental. *Jornal de Botânica*, 2016 :1-11.

Zerbo I.,(2018). *Diversidade funcional e respostas da vegetação herbácea da savana às variações dos factores ambientais no Burkina Faso (África Ocidental)*. These de doctorat unique en Sciences Biologiques appliquées de l'Université Ouaga I Pr Joseph Ki-Zerbo. 147p.

Zhang, G., Yang, Z., & Dong, S. (2011). A competitividade interespecífica afecta o rendimento total de biomassa num sistema de culturas intercalares de alfafa e milho. *Field Crops Research*, 124(1), 66-73. https://doi.org/10.1016/j.fcr.2011.06.006

Zhou, W., Cheng, X., Wu, R., Han, H., Kang, F., Zhu, J., & Tian, P. (2018). Efeito da competição intraespecífica na partição de biomassa de Larix principis-rupprechtii. *Jornal de Interações Vegetais,* 13(1), 1-8.

Zizka, A., Thiombiano, A., Dressler, S., Nacoulma, B. M., Ouédraogo, A., Ouédraogo, I., ... & Schmidt, M. (2015). Uso tradicional de plantas em Burkina Faso (África Ocidental): uma análise em escala nacional com foco na medicina tradicional. *Journal of Ethnobiology and Ethnomedicine*, *11*(1), 1-10. https://link.springer.com/article/10.1186/1746-4269-11-9

Zuur, A. F., Ieno, E. N., Walker, N., Saveliev, A. A., Smith, G. M., Zuur, A. F., & Smith, G. M. (2009). Modelos zero-truncados e zero-inflacionados para dados de contagem. *Mixed effects models and extensions in ecology with R*, 261-293

APÊNDICES

Apêndice 1Ficha de inquérito etnobotânico

I. Identificação
Investigador.........Date.........Número do relatório
Município.........Localidade...............
Identidade do inquirido
Inquérito (e) .... Sexo...........(1=mulher; 2=homem)
Idade:.......Etnia..............Ocupação.....Nível de escolaridade.........
(1=sem instrução;2=primário;3=secundário (especificar classe);4=superior (especificar nível)
Dados de contacto do inquirido...

II. Conhecimento ecológico do inquérito
Conhece esta espécie (apresenta a amostra recolhida)? sim não
Como é que lhe chamam na vossa língua?
Ou a espécie é abundante na sua região?
À volta das habitas (casas) .... nos campos...... nos pousios....... nas florestas..... nas planícies....... nos glacis...... outros locais (especificar)
Quando é que a espécie apareceu pela primeira vez na sua zona (número de anos)?

III-Factores que favorecem a expansão da espécie
Na sua opinião, que factores favorecem a propagação da *Senna obtusifolia*? (Citar o inquérito)
a-factores de origem humana (homens, mulheres, animais).................
b-Factores climáticos (chuva, vento, temperatura...)...................
c-Factores edáficos (tipos de solo)...................................
d-Outro (especificar)...

IV - Desempenho e impacto da *Senna obtusifolia* na forragem herbácea e no solo
a-A Senna *obtusifolia* cresce em grande ou pequena quantidade desde as primeiras chuvas? ....
b- A presença de *Senna obtusifolia* diminui ou aumenta todos os anos?

2- Impacto da *Senna obtusifolia* na forragem herbácea
a-Quando *a Senna obtusifolia* se estabelece, a densidade de outras espécies herbáceas diminui ou aumenta? Porquê ou porque não?
....
b-As forragens herbáceas em áreas fortemente invadidas por Senna são frequentadas por gado ou outros animais domésticos? Porquê ou porque não?
....
c-Conhece outras espécies invasoras que não sejam palatáveis? Exemplos...

3- Impacto da *Senna obtusifolia* no solo
O Senna empobrece ou enriquece o solo? Porque é que isso acontece?
....

IV- Acções e estratégias para mitigar o impacto da invasão de terras por *S. obtusifolia*
1-Sabe como gerir a espécie? sim não
Se sim, quais?
....
2-Que método de gestão recomenda?

a-Pulverizar b-Colheita **c-Colheita** de folhas **d-Colheita** de flores **e- Colheita** de caules **f-Colheita** como forragem g-Outros
Que estratégias foram adoptadas para obter forragem?

V-Diferentes utilizações da espécie pelas populações

1- Utiliza as espécies? Se sim (tabela)

Tipo de utilização	Órgãos utilizados	Período de recolha	Maturidade da espécie	Grau de utilização	Como utilizar	Modo de administração
Alimentação						
Medicinal						
Construção						
Forragem						
Artesanato						
Comércio						
Madeira e energia						
Outras utilizações						

Tipo de utilização: 1= alimentar; 2= medicinal; 3= construção; 4= forragem; 5= artesanato; 6= madeira e energia; 7= outras utilizações.
Órgãos utilizados: 1= Raiz; 2= Casca; 3= Folhas; 4= Fruto; 5= Sementes; 6= Flores.
Período de recolha: 1= Época seca; 2= Época das chuvas.
Maturidade da espécie: 1= juvenil; 2= adulto.
Grau de utilização: 1= não utilizado; 2= pouco utilizado; 3= moderadamente utilizado; 4= muito utilizado.
Conselhos de utilização :1=ferver , 2=deixar secar,
Modo de administração: 1=oral,2=decocção
2- Quais são as proibições tradicionais associadas a esta espécie? ....
....
....
3- *A espécie* .... é utilizada nos ritos tradicionais? ....
....

Apêndice 2Formulário de recolha de dados fitossociológicos para as parcelas

Número da parcela: .... Localização: .... Data : .... GPS :...............
Densidade de *S. obtusifolia*: ....biomassa: .... Biomassa de outras espécies: ....
Lote: ....

Zona climática	Utilização do solo	Localização	Topografia	Nível de invasão por *S. obtusifolia*
• Zona do Sahel Zona do Sudão	• Pastoreio • Pousio	• 1 • 2 • 3 • 4	• Vidros • Bafond	• T 0%

		• 5		• A 5-35% • B 35-65% • C 65-100%
Nome da espécie			Altura (H)	Taxa de recuperação n (%)

Apêndice 3Lista das espécies inventariadas nas duas zonas climáticas (Sahel; Sudão)

	Espécies	**Família**	**TB**	**TP**	**VP**
1	*Acalypha ciliata* Forsk.	Euphorbiaceae	Chá	PAL	FVP
2	*Acanthospermum hispidum* DC.	Asteraceae	Pha	PAN	SVF
3	*Achyranthes aspera* L.	Amaranthaceae	Chá	PAN	PORFAVOR
4	*Acmella uliginosa* (Sw.) Cass.	Asteraceae	Pha	PAN	PORFAVOR
5	*Acroceras zizanoides* Kunth	Poaceae	Chá	AT	MVP
6	*Aeschynomene indica* Linn.	Fabáceas	Chá	PAN	MVP
7	*Ageratum conyzoides* L.	Asteraceae	Chá	PAN	PORFAVOR
8	*Alternanthera nodiflora* R. Br.	Amaranthaceae	Chá	AT	PORFAVOR
9	*Alternanthera sessilis* (L.) DC.	Amaranthaceae	Chá	AT	PORFAVOR
10	*Alysicarpus ovalifolius* (S. et Th.) Leon	Fabáceas	Chá	PAN	BVP
11	*Alysicarpus rugosus* (Willd.) DC.	Fabáceas	Chá	PAN	BVP
12	*Amaranthus graecizans* L.	Amaranthaceae	Chá	PAN	MVP
13	*Amaranthus spinosus* L.	Amaranthaceae	Chá	COS	MVP
14	*Amaranthus viridis* L.	Amaranthaceae	Chá	COS	MVP
15	*Andropogon gayanus* Kunth	Poaceae	Bainha	PAN	BVP
16	*Aneilema setiferum* A.Chev.	Commelinaceae	Chá	AT	FVP
17	*Annona senegalensis* Pers.	Anonáceas	Pha	AM	FVP

	Espécies	Família	TB	TP	VP
18	*Anogeissus leiocarpa* (DC) Guill. et Perr.	Combretáceas	Pha	AT	FVP
19	*Aristida adscensionis* L.	Poaceae	Chá	PAN	MVP
20	*Aristida kerstingii* Pilg.	Poaceae	Chá	PAN	FVP
21	*Aspilia bussei* O. Hoffm. & Muschler	Asteraceae	Chá	AT	MVP
22	*Aspilia helianthoides* (Schum. & Thonn.)	Asteraceae	Chá	AT	MVP
23	*Azadirachta indica* A. Juss.	Meliáceas	Pha	PAN	POR FAV OR
24	*Balanites aegyptiaea* (L.) Del.	Zygophyllacea e	Pha	PAN	BVP
25	*Bidens engleri* O. E. Schulz	Asteraceae	Chá	AT	POR FAV OR
26	*Biophytum petersianum* Hotzsch.	Oxalidáceas	Chá	PAL	POR FAV OR
27	*Blepharis maderaspatensis* (L.) Roth	Acantáceas	Chá	PAN	FVP
28	*Boerhavia diffusa* L.	Nyctagynacea e	Chá	PAN	POR FAV OR
29	*Bombax costatum* Pell. et Vuill.	Malvaceae	Pha	AT	BVP
30	*Borassus akeassii* Bayton, Ouédr. & Guinko	Arecaceae	Pha	PAN	FVP
31	*Brachiaria lata* (Schumach.) C. E. Hubbard	Poaceae	Chá	PAN	BVP
32	*Brachiaria stigmatisata* (Metz) Stapf	Poaceae	Chá	AT	MVP
33	*Brachiaria villosa* (Lam.) A.Camus	Poaceae	Chá	PAL	MVP
34	*Buchnera hispida* Buch. Ham. Ex. Benth	Orobanchacea e	Chá	PAN	FVP
35	*Bulbostylis filamentosa* (Vahl) C.B. Cl.	Cyperaceae	Chá	AT	POR FAV OR
36	*Bulbostylis hispidula* (Vahl) R.W.Haines	Cyperaceae	Chá	AT	POR FAV OR
37	*Calopogonium mucunoides* Desv.	Fabáceas	Pha	PAN	FVP
38	*Carissa edulis* Vahl	Apocináceas	Pha	PAN	MVP
39	*Cassia absus* L.	Fabáceas	Chá	PAN	FVP
40	*Cassia nigricans* Vahl.	**Fabáceas**	Chá	PAN	FVP
41	*Cassia sieberiana* DC.	**Fabáceas**	Pha	AT	FVP

	Espécies	Família	TB	TP	VP
42	*Celosia trigyna* L.	Amaranthaceae	Chá	PAN	FVP
43	*Cenchrus biflorus* Roxb.	Poaceae	Chá	PAN	BVP
44	*Chamaecrista mimosoides* (L.) Greene	Fabáceas	Chá	PAL	MVP
45	*Chloris gayana* Kunth	poaceae	Chá	PAN	BVP
46	*Chloris pilosa* Schum.	poaceae	Chá	PAN	MVP
47	*Chlorophytum blepharophyllum* Schweinf. ex Baker	Anteriaceae	Geo	SZ	FVP
48	*Chrysanthellum americanum* (L.) Vatke	Asteraceae	Chá	PAN	PORFAVOR
49	*Citrullus colocynthis* (L.) Schrader	Cucurbitáceas	Pha	AT	FVP
50	*Cleome viscosa* L.	Capparáceas	Chá	PAN	FVP
51	*Cochlospermum planchonii* Hook. f.	Bixaceae	Chá	AT	MVP
52	*Combretum aculeatum* Vent.	Combretáceas	Pha	AT	PORFAVOR
53	*Combretum collinum* Fresen.	Combretáceas	Pha	AT	PORFAVOR
54	*Combretum glutinosum* Perr. ex DC.	Combretáceas	Pha	AT	PORFAVOR
55	*Combretum micrantum* G. Don	Combretáceas	Pha	AT	PORFAVOR
56	*Combretum molle* R. Br. ex G. Don	Combretáceas	Pha	AT	PORFAVOR
57	*Commelina benghalensis* L.	Commelinaceae	Chá	PAN	MVP
58	*Commelina diffusa* Burm.f.	Commelinaceae	Chá	PAN	MVP
59	*Commelina forskalaei* Vahl.	Commelinaceae	Chá	PAN	MVP
60	*Corchorus olitorius* L.	Malvaceae	Chá	PAN	MVP
61	*Corchorus tridens* L.	Malvaceae	Chá	PAN	MVP
62	*Cordia myxa* L.	Boragináceas	Pha	PAN	PORFAVOR
63	*Crotalaria goreensis* Guill.& Perr.	Fabáceas	Chá	PAN	PORFAVOR
64	*Crotalaria macrocalyx* Benth.	Fabáceas	Chá	AT	FVP

	Espécies	Família	TB	TP	VP
65	*Crotalaria retusa* L.	Fabáceas	Chá	PAN	FVP
66	*Cucumus melo* L.	Cucurbitáceas	Chá	PAN	MVP
67	*Cyanotis lanata* Benth.	Commelinacea e	Chá	AT	BVP
68	*Cyperus difformis* Linn.	Cyperaceae	Chá	PAN	FVP
69	*Cyperus dilatatus* Schumach. & Thonn.	Cyperaceae	Geo	AT	FVP
70	*Cyperus esculentus* Linn.	Cyperaceae	Geo	PAN	POR FAV OR
71	*Cyperus haspan* Linn.	Cyperaceae	Chá	PAN	FVP
72	*Cyperus iria* Linn.	Cyperaceae	Chá	PAN	FVP
73	*Cyperus pustulatus* Vahl	Cyperaceae	Chá	AT	FVP
74	*Cyperus rotundus* L.	Cyperaceae	Geo	PAN	FVP
75	*Cyperus sphacelatus* Rottb.	Cyperaceae	Bai nha	PAN	FVP
76	*Dactyloctenium aegyptium* (Linn) Wild.	Poaceae	Chá	PAL	BVP
77	*Daniellia oliveri* (R.) Hutch. & Dalz.	Fabáceas	Pha	AT	POR FAV OR
78	*Desmodium gangeticum* (L.) DC	Fabáceas	Chá	PAL	FVP
79	*Desmodium hirtum Guill* & Perr.	Fabáceas	Chá	AT	MVP
80	*Detarium microcarpum* G. & Perr.	Fabáceas	Pha	AT	POR FAV OR
81	*Dichrostachys cinerea* L.Wight & Arn.	Fabáceas	Pha	AM	BVP
82	*Digitaria horizontalis* Willd.	poaceae	Chá	PAN	MVP
83	*Dinebra retroflexa* (Vahl) Panz.	poaceae	Chá	PAN	BVP
84	*Dioscorea alata* L.	Dioscoreaceae	Geo	PAN	FVP
85	*Dioscorea dumetorum* (Kunth) Pax	Dioscoreaceae	Geo	AT	MVP
86	*Diospyros mespiliformis* Hochst. ex A. Rich.	Ebenáceas	Pha	AT	BVP
87	*Echinochloa colona* (L.) Link	Poaceae	Chá	PAN	MVP
88	*Echinochloa stagnina* (Retz.) P.Beauv.	Poaceae	Chá	PAN	MVP
89	*Eleusine indica* (L.) Gaertn.	Poaceae	Chá	PAN	FVP
90	*Elionurus elegans* Kunth	Poaceae	Chá	AT	MVP
91	*Entada africana* Guill. et Perr.	Fabáceas	Pha	AM	BVP
92	*Eragrostis atrovirens* (Desf.) Trin. Ex Steud.	Poaceae	Chá	AT	MVP
93	*Eragrostis ciliaris* (L.) R. Br.	Poaceae	Chá	PAN	MVP
94	*Eragrostis tenella* (L.) Roem. & Schult.	Poaceae	Chá	AT	MVP
95	*Eragrostis tremula* Hochst.	Poaceae	Chá	AT	MVP

	Espécies	Família	TB	TP	VP
96	*Eriosema psoraleioides* (Lam.) G. Don.	Fabáceas	Chá	AT	FVP
97	*Erythrina senegalensis* DC.	Fabáceas	Pha	AT	FVP
98	*Euclasta condylotricha* (Steud) Stapf.	Poaceae	Chá	PAN	MVP
99	*Euphorbia heterophylla* L.	Euphorbiaceae	Chá	PAN	MVP
100	*Euphorbia hirta* L.	Euphorbiaceae	Chá	PAN	MVP
101	*Evolvolus alsinoides* (Linn.)	Convolvulácea s	Chá	AT	FVP
102	*Faidherbia albida* (Delile) A.Chev.	Fabáceas	Pha	AT	BVP
103	*Feretia apodanthera* Del.	Rubiáceas	Pha	AM	MVP
104	*Ficus ingens* (Miq.) Miq.	Moráceas	Pha	PAN	POR FAV OR
105	*Ficus sycomorus* L.	Moráceas	Pha	AM	POR FAV OR
106	*Fimbristylis ferurginea* (Linn.) Vahl	Cyperaceae	Pha	PAN	FVP
107	*Flueggea virosa* (Roxb. ex Willd.) Voigt	Phyllanthaceae	Pha	PAN	FVP
108	*Gardenia erubescens* Staf et Hutch	Rubiáceas	Pha	AT	MVP
109	*Gardenia ternifolia* Schumach. & Thonn.	Rubiáceas	Pha	AT	POR FAV OR
110	*Gomphrena celosioides* Mart.	Amaranthacea e	Chá	PAN	FVP
111	*Grewia cissoides* Hutch. et Dalz.	Malvaceae	Chá	AT	MVP
112	*Grewia mollis* Juss.	Malvaceae	Pha	PAN	FVP
113	*Guiera senegalensis* J.F. Gmel.	Combretáceas	Chá	AT	FVP
114	*Gymnosporia senegalensis* (Lam.) Loes.	Celastraceae	Pha	PAN	BVP
115	*Hackelochloa granularis* (L.) Kuntze	Poaceae	Chá	PAN	MVP
116	*Hibiscus cannabinus* L.	Malvaceae	Chá	PAN	MVP
117	*Hygrophila auriculata* (Schumach.) Heine	Acantáceas	Chá	PAN	FVP
118	*Hymenocardia acida* Tul.	Phyllanthaceae	Chá	AT	POR FAV OR
119	*Hyphaene thebaica* (L.) Mart.	Arecaceae	Pha	PAN	POR FAV OR

	Espécies	Família	TB	TP	VP
120	*Hyptis spicigera* Lam.	Lamiaceae	Chá	PAN	POR FAV OR
121	*Hyptis suaveolens* Poit.	Lamiaceae	Chá	PAN	POR FAV OR
122	*Indigofera bracteolata* DC.	Fabáceas	Chá	AT	MVP
123	*Indigofera heudelotii* Benth	Fabáceas	Chá	AT	FVP
124	*Indigofera hirsuta* L.	Fabáceas	Chá	PAN	MVP
125	*Indigofera mummulariifolia* (L.) Liv.	Fabáceas	Chá	AT	FVP
126	*Indigofera pilosa* Poir.	Fabáceas	Chá	AT	POR FAV OR
127	*Indigofera senegalensis* Lam.	Fabáceas	Chá	AT	FVP
128	*Ipomoea aquatica* Forsk.	Convolvuláceas	Chá	PAN	FVP
129	*Ipomoea argentaurata* Hall. f.	Convolvuláceas	Chá	AT	MVP
130	*Ipomoea asarifolia* (Desr.) Roem. & Schult.	Convolvuláceas	Chá	AT	MVP
131	*Ipomoea coscinosperma* Hochst. ex Choisy	Convolvuláceas	Chá	AT	BVP
132	*Ipomoea eriocarpa* R. Br.	Convolvuláceas	Chá	PAL	BVP
133	*Justicia kotschyi* (Hochst.) Dandy	Acantáceas	Chá	AT	MVP
134	*Khaya senegalensis* (Desr.) A. Juss.	Meliáceas	Pha	PAN	BVP
135	*Kyllinga erecta* Schumach.	Cyperaceae	Geo	PAN	POR FAV OR
136	*Kyllinga pumila* Michx	Cyperaceae	Bainha	PAN	POR FAV OR
137	*Kyllinga squamulata* Thonn. ex Vahl	Cyperaceae	Chá	PAN	POR FAV OR
138	*Lannea acida* A. Rich.	Anacardiaceae	Chá	AT	FVP
139	*Lannea microcarpa* Engl. & K.Krause	Anacardiaceae	Chá	AT	MVP
140	*Leptadenia hastata* (Pers.) Decne	Apocináceas	Pha	AT	FVP
141	*Leucas martinicensis* (Jacq.) R. Br.	Lamiaceae	Chá	PAN	POR FAV OR
142	*Lipocarpha chinensis* (Osbeck) Kern	Cyperaceae	Chá	PAN	POR FAV OR

	Espécies	Família	TB	TP	VP
143	*Ludwigia abyssinica* A. Rich.	Onagraceae	Pha	AT	POR FAV OR
144	*Ludwigia hyssopifolia* (G. Don.) Exell	Onagraceae	Chá	PAN	POR FAV OR
145	*Maranthes polyandra* (Benth.) Prance	Chrysobalanac eae	Pha	AT	POR FAV OR
146	*Mariscus cylindristachyus* Steud.	Cyperaceae	Bai nha	PAN	POR FAV OR
147	*Mariscus flabelliformis* Kunth	Cyperaceae	Geo	PAN	POR FAV OR
148	*Marsilea minuta* L.	Marsileaceae	Aju da	PAN	POR FAV OR
149	*Melochia corchorifolia* Linn.	Malvaceae	Chá	PAL	MVP
150	*Microchloa indica* (L.f.) P.Beauv.	Poaceae	Chá	PAN	POR FAV OR
151	*Mitracarpus scaber* Zucc.	Rubiáceas	Chá	PAN	FVP
152	*Mollugo nudicaulis* Lam.	Molluginaceae	Chá	PAN	POR FAV OR
153	*Murdannia simplex* (Vahl) Brenan	Commelinacea e	Pha	PAN	FVP
154	*Nelsonia canescens* (Lam.) Spreng.	Acantáceas	Chá	PAN	FVP
155	*Ocimum canum* Sims	Lamiaceae	Chá	PAN	POR FAV OR
156	*Oldenlandia corymbosa* Linn.	Rubiáceas	Chá	PAN	MVP
157	*Oryza longistaminata* Chev. & Roehr.	poaceae	Aju da	AM	MVP
158	*Pandiaka heudelotii* (Moq.) Hook	Amaranthacea e	Chá	AT	BVP
159	*Panicum laetum* Kunth	Poaceae	Chá	AT	MVP
160	*Panicum laxum* Sw.	Poaceae	Chá	PAN	MVP
161	*Panicum pansum* Rendle	Poaceae	Chá	AT	FVP
162	*Panicum phragmitoides* Stapf	Poaceae	Bai nha	AT	FVP
163	*Parkia biglobosa* (Jacq.) Benth.	Fabáceas	Pha	AT	BVP
164	*Paspalum scrobiculatum* L.	Poaceae	Bai nha	PAN	BVP
165	*Pennisetum glaucum* (L.) R.Br	Poaceae	Chá	PAN	BVP

	Espécies	Família	TB	TP	VP
166	*Pennisetum pedicellatum* Trin.	Poaceae	Chá	PAN	BVP
167	*Pentanema indicum* (L.) Y.Ling	Asteraceae	Chá	PAL	POR FAV OR
168	*Pericopsis laxiflora* (Benth.) Meeuwen	Fabáceas	Pha	AT	MVP
169	*Peristrophe bicalyculata* (Retz.) Nees	Acantáceas	Chá	PAN	FVP
170	*Phaulopsis imbricata* (Forssk.) Sweet	Acantáceas	Chá	AT	POR FAV OR
171	*Phyllanthus amarus* Sch. Et Th.	Phyllanthaceae	Chá	PAN	FVP
172	*Physalis angulata* L.	Solanáceas	Chá	PAN	POR FAV OR
173	*Piliostigma reticulatum* (Dc.) Hoschst	Fabáceas	Pha	AT	MVP
174	*Platostoma africanum* P. Beauv	Lamiaceae	Chá	PAN	POR FAV OR
175	*Polycarpaea corymbosa* (L) Lam.	Caryophyllace ae	Chá	PAN	POR FAV OR
176	*Polycarpaea linearifolia* Lam	Caryophyllace ae	Chá	AT	POR FAV OR
177	*Polygala arenaria* Willds	Polygalaceae	Chá	AT	POR FAV OR
178	*Polygala multiflora* Poiret	Polygalaceae	Chá	AT	POR FAV OR
179	*Portulaca foliosa* Ker Gawl.	Portulacaceae	Chá	PAN	MVP
180	*Portulaca oleracea* L.	Portulacaceae	Chá	COS	MVP
181	*Prosopis africana* (G. et Perr.) Taub.	Fabáceas	Pha	AT	POR FAV OR
182	*Pterocarpus erinaceus* Poir.	Fabáceas	Pha	AT	BVP
183	*Pycreus flavescens* (L.) P.Beauv. ex Rchb.	Cyperaceae	Aju da	PAN	FVP
184	*Pycreus macrostachyos* (Lam.) J. Raynal	Cyperaceae	Chá	PAN	FVP
185	*Ramphicarpa fistulosa* (Hochst) benth.	Orobanchacea e	Aju da	PAN	POR FAV OR
186	*Rottboellia cochinchinensis* (Lour.) W. D. Clayton Syn. R. exaltata L. f.	Poaceae	Chá	PAN	BVP

	Espécies	Família	TB	TP	VP
187	*Saba senegalensis* (A. DC.) Pichon	Apocináceas	Pha	AT	FVP
188	*Sapium grahamii* (Stapf) Prain	Euphorbiaceae	Bai nha	AT	FVP
189	*Schoenefeldia gracilis* Kunth	Poaceae	Chá	AM	MVP
190	*Sclerocarya birrea* (A.Rich.) Hochst.	Anacardiaceae	Pha	AT	MVP
191	*Senna obtusifolia* (L.) H. S. Irwin & Barneby	Fabáceas	Chá	PAN	FVP
192	*Senna occidentalis* (L.) Link	Fabáceas	Chá	PAN	POR FAV OR
193	*Senegalia dudgeoni* (Craib ex Holland) Kyal. & Boatwr	Fabáceas	Pha	AT	BVP
194	*Sesbania pachycarpa* DC.	Fabáceas	Pha	AT	MVP
195	*Setaria barbata* (Lam.) Kunth	Poaceae	Chá	PAN	BVP
196	*Setaria pumila* (Poiret) Roemer et Schultes	Poaceae	Pha	AT	BVP
197	*Setaria sphacelata* (Schumach.) Stapf & C.E.Hubb. Ex M.B.Moss	Poaceae	Bai nha	AT	BVP
198	*Sida acuta* Burm.f.	Malvaceae	Chá	PAN	FVP
199	*Sida alba* L.	Malvaceae			
200	*Sida cordifolia* L.	Malvaceae	Chá	PAN	POR FAV OR
201	*Sida linifolia* Juss. ex Cavanilles	Malvaceae	Chá	PAN	FVP
202	*Sida rhombifolia* L.	Malvaceae	Bai nha	PAN	FVP
203	*Sida urens* L.	Malvaceae	Bai nha	PAN	FVP
204	*Solanum dasyphyllum* Schumach. & Thonn.	Solanáceas	Chá	AT	FVP
205	*Sorghum bicolor* (L.) Moench	Poaceae	Chá	PAN	BVP
206	*Spermacoce filifolia* J.-P. Lebrun et stork	Rubiáceas	Chá	AT	POR FAV OR
207	*Spermacoce radiata* (DC.) Sieber ex Hiern	Rubiáceas	Chá	AT	POR FAV OR
208	*Spermacoce ruelliae* DC.	Rubiáceas	Chá	AT	POR FAV OR
209	*Spermacoce stachydea* D.C.	Rubiáceas	Chá	AT	POR FAV OR

	Espécies	Família	TB	TP	VP
210	*Spermacoce verticillata* (Linn.) G.F.W.MEY.	Rubiáceas	Pha	PAN	POR FAV OR
211	*Spigelia anthelmia* Linn.	Loganiaceae	Pha	PAN	FVP
212	*Stachytarpheta angustifolia* (Mill.) Vahl	Verbenáceas	Pha	PAN	FVP
213	*Sterculia setigera* Del.	Malvaceae	Pha	AT	MVP
214	*Striga hermonthica* (Del.) Benth	Orobanchacea e	Chá	AT	POR FAV OR
215	*Strychnos innocua* Del.	Loganiaceae	Pha	PAN	POR FAV OR
216	*Stylochaeton lancifolius* Kotschy. et Peyr	Araceae	Geo	AT	FVP
217	*Stylochaeton natalensis* schott	Araceae	Geo	AT	FVP
218	*Stylochaeton hypogaeus* Lepr.	Araceae	Geo	AT	FVP
219	*Stylosanthes erecta* P. Beauv.	Fabáceas	Chá	AM	BVP
220	*Synedrella nodiflora* Gaertn.	Asteraceae	Chá	PAN	FVP
221	*Tephrosia bracteolata* Guill. et Perr.	Fabáceas	Chá	AT	BVP
222	*Tephrosia linearis* (Willd.) Pers.	Fabáceas	Chá	AM	FVP
223	*Tephrosia pedicellata* Bak.	Fabáceas	Chá	AT	FVP
224	*Terminalia laxiflora* Engl. & Diels	Combretáceas	Pha	AT	POR FAV OR
225	*Terminalia macroptera* Guill. & Perr.	Combretáceas	Pha	AT	POR FAV OR
226	*Tribulus terrestris* L.	Zygophyllacea e	Chá	PAN	FVP
227	*Tridax procumbens* L.	Asteraceae	Chá	PAN	MVP
228	*Triumfetta rhomboidea* Jacq.	Malvaceae	Chá	PAN	POR FAV OR
229	*Urena lobata* L.	Malvaceae	Chá	PAN	POR FAV OR
230	*Vachellia nilotica* (L.) Willd. ex Del.	Fabáceas	Pha	PAN	BVP
231	*Vachellia sieberiana* DC.	Fabáceas	Pha	PAN	BVP
232	*Vachellia tortilis* (Forssk.) Hayne	Fabáceas	Pha	AT	BVP
233	*Vernonia cinerea* (L.) Less.	Asteraceae	Chá	PAN	FVP
234	*Vigna ambacensis* welw.wx Baker	Fabáceas	Chá	AT	MVP
235	*Vigna racemosa* (G. Don) Hutch. & Dalz.	Fabáceas	Chá	AT	MVP

	Espécies	Família	TB	TP	VP
236	*Vitellaria paradoxa* Gaertn.	Sapotáceas	Pha	AT	MVP
237	*Waltheria indica* L.	Malvaceae	Chá	PAN	POR FAV OR
238	*Wissadula amplissima* (L.) R. E. Fries	Malvaceae	Pha	PAN	POR FAV OR
239	*Zanthoxylum zanthoxyloides* (Larn.), Zepernick & Timler	Rutáceas	Pha	AT	MVP
240	*Ziziphus mauritiana* Lam.	Rhamnaceae	Pha	PAN	BVP
241	*Zornia glochidiata* C.Rchb. ex DC.	Fabáceas	Chá	AM	BVP

Tipo biológico (TB): Chaméphyte (Cha), Géophyte (Géo), Héliophyte (Hél), Hémicryptophyte (Hém), Phanérophyte (Pha), Thérophyte (Thé).
Tipo fitogeográfico (AT): África Tropical; AM: África de Madacascar: AS-Z: África Sudano-Zambeziana; AT-S: África Tropical e Austral; ATO: África Ocidental Tropical; COS: Cosmopolita; PAL: Paleotropical; PAN: Pantropical. Valor Pastoral (VP): Bom (B); Médio (M); Fraco (F); Nenhum (S).

Apêndice 4Formulário de controlo da germinação

Centre Nationale De Semences Forestières (CNSF): Teste de germinação Nome do observador: Local do ensaio:............ Pré-tratamento:........ Data/hora:........... Pré-processamento:......... Data de sementeira:........... Meio de sementeira:......Espécie: .... Substrato:............ Número de sementes/caixa:...												
Caixa nº.		Rep 1		Rep 2		Rep 3		Rep 4		Rep 5		
Data da observação	Dias desde a sementeira	Tg	Tj	Tg	Tj	Tg	Tj	Tg	Tj	Tg	Tj	Infestado

Nb: número de dias; Rep: repetição; Tg: total de sementes germinadas; Td: total do dia; 1: repetir1

Apêndice 5Formulário de controlo do crescimento em estufa

Centre Nationale De Semences Forestières (CNSF): Controlo do crescimento Nome do observador:............ Local do ensaio:............... Espécie:.........								
Não.			Rep1	Rep2	Rep3	Rep 4	Rep 5	Estado

Data da observação	Dias após a sementeira	Número individual	H	H	H	H	H	H

H: altura média
Condição: túrgido, desbotado, seco, morto

Apêndice 6Ficha de determinação do teor de humidade

Espécie:................................ NO.................. CNSF:................................ Data:................					
Copo não.	P'	P''	P0 = P'' - P'	Pf	Pi = Pf -P'
Média			P0m =		Pim =

Legenda:
P' = peso das chávenas secas
P'' = peso das chávenas secas + semente << chávenas húmidas >>.
P0 = peso das sementes << húmidas >>.
P0m = peso médio das sementes << húmidas >>.
Pf = peso das chávenas secas + sementes secas
Pim = peso das sementes secas
Pim = peso médio das sementes secas

Apêndice 7Lista das espécies inventariadas na floresta comunal de Dori

	Espécies	**TB**	**TP**	**VP**	**2017**	**2018**	**2019**	**2020**
1	*Acanthospermum hispidum* DC.	Pha	PAN	SVF	+	+	+	-
2	*Achyranthes aspera* L.	Chá	PAN	PORFAVOR	+	+	+	-
3	*Aeschynomene indica* Linn.	Chá	PAN	MVP	+	+	+	+
4	*Ageratum conyzoides* L.	Chá	PAN	PORFAVOR	-	+	-	+
5	*Alternanthera nodiflora* R. Br.	Chá	AT	PORFAVOR	+	-	-	-

	Espécies	TB	TP	VP	2017	2018	2019	2020
6	*Alternanthera sessilis* (L.) DC.	Chá	AT	PORFAVOR	+	-	-	-
7	*Alysicarpus ovalifolius* (S. et Th.) Leon	Chá	PAN	BVP	+	+	+	-
8	*Alysicarpus rugosus* (Willd.) DC.	Chá	PAN	BVP	+	+	-	-
9	*Amaranthus spinosus* L.	Chá	COS	MVP	+	+	-	-
10	*Amaranthus viridis* L.	Chá	COS	MVP	+	+	-	-
11	*Andropogon gayanus* Kunth	Bainha	PAN	BVP	-	-	-	+
12	*Andropogon pseudapricus* Stapf	Chá	AT	BVP	-	-	+	+
13	*Andropogon fastigiatus* sw	Chá	PAN	BVP	-	-	+	+
14	*Aristida adscensionis* L.	Chá	PAN	MVP	+	+	+	+
15	*Aristida kerstingii* Pilg.	Chá	PAN	FVP	+	+	-	+
16	*Balanites aegyptiaea* (L.) Del.	Pha	PAN	BVP	-	-	-	+
17	*Blepharis maderaspatensis* (L.) Roth	Chá	PAN	FVP	-	+	-	-
18	*Boerhavia diffusa* L.	Chá	PAN	PORFAVOR	+	-	-	-
19	*Brachiaria lata* (Schumach.) C. E. Hubbard	Chá	PAN	BVP	+	+	+	+
20	*Brachiaria stigmatisata* (Metz) Stapf	Chá	AT	MVP	+	+	+	+
21	*Brachiaria villosa* (Lam.) A.Camus	Chá	PAL	MVP	-	-	+	+
22	*Bulbostylis hispidula* (Vahl) R.W.Haines	Chá	AT	PORFAVOR	-	-	-	-
23	*Cassia absus* L.	Chá	PAN	FVP	+	-	-	+
24	*Celosia trigyna* L.	Chá	PAN	FVP	-	-	+	-
25	*Cenchrus biflorus* Roxb.	Chá	PAN	BVP	+	+	-	-
26	*Chamaecrista mimosoides* (L.) Greene	Chá	PAL	MVP	+	+	+	-
27	*Chloris gayana* Kunth	Chá	PAN	BVP	+	+	-	-

	Espécies	TB	TP	VP	2017	2018	2019	2020
28	*Chloris pilosa* Schum.	Chá	PAN	MVP	+	+	+	+
29	*Chrysanthellum americanum* (L.) Vatke	Chá	PAN	PORFAVOR	+	+	+	+
30	*Citrullus colocynthis* (L.) Schrader	Pha	AT	FVP	+	+	-	-
31	*Cleome viscosa* L.	Chá	PAN	FVP	+	-	-	-
32	*Commelina benghalensis* L.	Chá	PAN	MVP	-	-	-	-
33	*Commelina forskalaei* Vahl.	Chá	PAN	MVP	+	+	+	-
34	*Corchorus olitorius* L.	Chá	PAN	MVP	+	+	+	-
35	*Corchorus tridens* L.	Chá	PAN	MVP	+	-	-	-
36	*Cyanotis lanata* Benth.	Chá	AT	BVP	+	-	-	-
37	*Cyperus difformis* Linn.	Chá	PAN	FVP	+	-	-	+
38	*Cyperus dilatatus* Schumach. & Thonn.	Geo	AT	FVP	+	+	+	+
39	*Cyperus esculentus* Linn.	Geo	PAN	PORFAVOR	+	+	+	+
40	*Cyperus iria* Linn.	Chá	PAN	FVP	+	+	+	+
41	*Cyperus rotundus* L.	Geo	PAN	FVP	+	+	+	-
42	*Cyperus sphacelatus* Rottb.	Bainha	PAN	FVP	-	-	+	-
43	*Dactyloctenium aegyptium* (Linn) Wild.	Chá	PAL	BVP	+	+	+	+
44	*Desmodium hirtum* Guill & Perr.	Chá	AT	MVP	+	+	-	+
45	*Dichrostachys cinerea* L.Wight & Arn.	Pha	AM	BVP	+	+	+	+
46	*Digitaria horizontalis* Willd.	Chá	PAN	MVP	+	+	+	+
47	*Echinochloa colona* (L.) Link	Chá	PAN	MVP	+	+	+	-
48	*Echinochloa stagnina* (Retz.) P.Beauv.	Chá	PAN	MVP	+	+	+	-
49	*Elionurus elegans* Kunth	Chá	AT	MVP	+	+	+	-

	Espécies	TB	TP	VP	2017	2018	2019	2020
50	*Entada africana* Guill. et Perr.	Pha	AM	BVP	-	-	+	+
51	Eragrostris cilianensis L.	Chá	AT	MVP	+	+	-	+
52	*Eragrostis ciliaris* (L.) R. Br.	Chá	PAN	MVP	+	+	-	-
53	*Eragrostis tenella* (L.) Roem. & Schult.	Chá	AT	MVP	+	+	-	-
54	*Eragrostis tremula* Hochst.	Chá	AT	MVP	+	+	+	+
55	*Euphorbia heterophylla* L.	Chá	PAN	MVP	-	+	-	-
56	*Euphorbia hirta* L.	Chá	PAN	MVP	+	-	-	-
57	*Evolvolus alsinoides* (Linn.)	Chá	AT	FVP	+	+	-	-
58	*Fimbristylis ferurginea* (Linn.) Vahl	Pha	PAN	FVP	+	+	+	-
59	*Hackelochloa granularis* (L.) Kuntze	Chá	PAN	MVP	+	+	+	-
60	*Hibiscus cannabinus* L.	Chá	PAN	MVP	-	+	+	-
61	*Hygrophila auriculata* (Schumach.) Heine	Chá	PAN	FVP	-	+	-	-
62	*Indigofera bracteolata* DC.	Chá	AT	MVP	+	-	-	-
63	*Indigofera hirsuta* L.	Chá	PAN	MVP	+	+	+	-
64	*Indigofera stenophylla* Guill. & Perr.	Chá	AT	FVP	+	+	+	+
65	*Indigofera trichopoda* Lepr. ex Guill.& Perr.	Chá	AT	POR FAVOR	+	+	+	+
66	*Ipomoea aquatica* Forsk.	Chá	PAN	FVP	-	-	+	-
67	*Ipomoea argentaurata* Hall. f.	Chá	AT	MVP	+	+	+	-
68	*Ipomoea asarifolia* (Desr.) Roem. & Schult.	Chá	AT	MVP	-	-	-	+
69	*Ipomoea coscinosperma* Hochst. ex Choisy	Chá	AT	BVP	+	+	-	+
70	*Ipomoea eriocarpa* R. Br.	Chá	PAL	BVP	+	+	-	-
71	*Ipomea triloba* L.	Chá	PAN	BVP	-	-	+	+

	Espécies	TB	TP	VP	2017	2018	2019	2020
72	*Kyllinga erecta* Schumach.	Geo	PAN	PORFAVOR	+	+	+	+
73	*Kyllinga pumila* Michx	Bainha	PAN	PORFAVOR	+	+	+	+
74	*Kyllinga squamulata* Thonn. ex Vahl	Chá	PAN	PORFAVOR	+	+	+	+
75	*Leptadenia hastata* (Pers.) Decne	Pha	AT	FVP	+	+	-	-
76	*Leucas martinicensis* (Jacq.) R. Br.	Chá	PAN	PORFAVOR	+	+	+	-
77	*Loudetia togoensis (Pilg). C.E Hubbard*	Chá	AT	FVP	-	+	-	-
78	*Ludwigia abyssinica* A. Rich.	Pha	AT	PORFAVOR	-	-	-	+
79	*Ludwigia hyssopifolia* (G. Don.) Exell	Chá	PAN	PORFAVOR	-	-	-	+
80	*Marsilea minuta* L.	Ajuda	PAN	PORFAVOR	+	+	+	-
81	*Melochia corchorifolia* Linn.	Chá	PAL	MVP	+	-	-	-
82	*Microchloa indica* (L.f.) P.Beauv.	Chá	PAN	PORFAVOR	+	-	-	-
83	*Mollugo nudicaulis* Lam.	Chá	PAN	PORFAVOR	+	+	-	-
84	*Oldenlandia corymbosa* Linn.	Chá	PAN	MVP	+	-	+	-
85	*Panicum laetum* Kunth	Chá	AT	MVP	+	+	+	-
86	*Pennisetum pedicellatum* Trin.	Chá	PAN	BVP	+	+	+	+
87	*Pennicetum polystachion* (Linnaeus) Schultes				-	-	-	+
88	*Peristrophe bicalyculata* (Retz.) Nees	Chá	PAN	FVP	-	-	-	+
89	*Phyllanthus amarus* Sch. Et Th.	Chá	PAN	FVP	+	-	-	-

	Espécies	TB	TP	VP	2017	2018	2019	2020
90	*Physalis angulata* L.	Chá	PAN	PORFAVOR	+	-	-	+
91	*Polycarpaea corymbosa* (L) Lam.	Chá	PAN	PORFAVOR	+	-	-	-
92	*Polycarpaea linearifolia* Lam	Chá	AT	PORFAVOR	+	+	-	-
93	*Polygala multiflora* Poiret	Chá	AT	PORFAVOR	+	-	-	-
94	*Portulaca oleracea* L.	Chá	COS	MVP	+	+	-	-
95	*Prosopis juliflora* (Sw.) DC.	Pha	PAN	MVP	-	-	+	+
96	*Pycreus flavescens* (L.) P.Beauv. ex Rchb.	Ajuda	PAN	FVP	+	+	-	+
97	*Ramphicarpa fistulosa* (Hochst) benth.	Ajuda	PAN	PORFAVOR	+	+	-	-
98	*Schizachyrium ruderale* Clayton.	Chá	AT	BVP	-	+	+	+
99	*Schoenefeldia gracilis* Kunth	Chá	AM	MVP	+	+	+	+
100	*Senna obtusifolia* (L.) H. S. Irwin & Barneby	Chá	PAN	FVP	+	+	+	+
101	*Senna occidentalis* (L.) Link	Chá	PAN	PORFAVOR	+	+	-	-
102	*Senegalia dudgeoni* (Craib ex Holland) Kyal. & Boatwr	Pha	AT	BVP	+	+	+	+
103	*Setaria barbata* (Lam.) Kunth	Chá	PAN	BVP	+	+	+	+
104	*Setaria pumila* (Poiret) Roemer et Schultes	Pha	AT	BVP	+	+	+	+
105	*Setaria verticillata*(Linnaeus) Palisot de beauvois	Chá	AT	BVP	+	+	+	+
106	*Sida alba* L.	Chá	PAN	FVP	+	-	-	-
107	*Sida cordifolia* L.	Chá	PAN	PORFAVOR	+	-	-	-
108	*Sida urens* L.	Bainha	PAN	FVP	+	+	-	+

	Espécies	TB	TP	VP	2017	2018	2019	2020
109	*Sorghum bicolor* (L.) Moench	Chá	PAN	BVP	+	-	-	-
110	*Spermacoce chaetocephala* **DC.**	Chá	AM	PORFAVOR	+	+	+	+
111	*Spermacoce filifolia* J.-P. Lebrun et stork	Chá	AT	PORFAVOR	+	+	+	+
112	*Spermacoce radiata* (DC.) Sieber ex Hiern	Chá	AT	PORFAVOR	+	+	-	+
113	*Spermacoce ruelliae* DC.	Chá	AT	PORFAVOR	+	-	-	+
114	*Spermacoce stachydea* D.C.	Chá	AT	PORFAVOR	+	+	+	+
115	*Spermacoce verticillata* (Linn.) G.F.W.MEY.	Pha	PAN	PORFAVOR	-	+	+	+
116	*Striga hermonthica* (Del.) Benth	Chá	AT	PORFAVOR	-	+	+	-
117	*Stylosanthes erecta* P. Beauv.	Chá	AM	BVP	+	+	+	+
118	*Tephrosia bracteolata* Guill. et Perr.	Chá	AT	BVP	+	+	+	-
119	*Tephrosia pedicellata* Bak.	Chá	AT	FVP	+	-	+	-
120	*Tribulus terrestris* L.	Chá	PAN	FVP	+	+	+	+
121	*Tridax procumbens* L.	Chá	PAN	MVP	+	-	-	-
122	*Triumfetta rhomboidea* Jacq.	Chá	PAN	PORFAVOR	+	-	-	-
123	*Vachellia nilotica* (L.) Willd. ex Del.	Pha	PAN	BVP	-	-	+	+
124	*Vachellia sieberiana* DC.	Pha	PAN	BVP	-	-	+	+
125	*Vachellia seyal* (Del.) P.J.H.Hurter,	Pha	AT	BVP	-	-	+	+
126	*Vachellia tortilis* (Forssk.) Hayne	Pha	AT	BVP	-	-	+	+
127	*Waltheria indica* L.	Chá	PAN	PORFAVOR	+	+		

	Espécies	TB	TP	VP	2017	2018	2019	2020
128	*Wissadula amplissima* (L.) R. E. Fries	Pha	PAN	PORFAVOR	+	-	-	-
129	*Ziziphus mauritiana* Lam.	Pha	PAN	BVP	-	-	+	+
130	*Zornia glochidiata* C.Rchb. ex DC.	Chá	AM	BVP	+	+	+	+

+ indica a presença da espécie no ambiente; - indica a ausência da espécie no ambiente. Tipo biológico (TB): Chaméphyte (Cha), Géophyte (Géo), Héliophyte (Hél), Hémicryptophyte (Hém), Phanérophyte (Pha), Thérophyte (Thé).
Tipo fitogeográfico (AT): África Tropical; AM: África de Madacascar: AS-Z: África Sudano-Zambeziana; AT-S: África Tropical e Austral; ATO: África Ocidental Tropical; COS: Cosmopolita; PAL: Paleotropical; PAN: Pantropical. Valor Pastoral (VP): Bom (B); Médio (M); Fraco (F); Nenhum (S).

MIX
Papier aus verantwortungsvollen Quellen
Paper from responsible sources
FSC® C105338

Printed by Books on Demand GmbH, Norderstedt / Germany